高等学校计算机类课程应用型人才培养规划教材

数据库技术实训教程

李　莉　高　峰　仇德成　主编

中国铁道出版社有限公司
CHINA RAILWAY PUBLISHING HOUSE CO., LTD.

内 容 简 介

本书根据"数据库应用技术"课程的实际教学情况，将各知识要点进行归纳和总结，对较难理解的问题进行讲解和指导，对涉及重要知识点的典型题目进行分析和解答，可帮助读者理解数据库应用技术的内容，使读者建立数据库的概念，掌握数据库基本原理，了解 Access 应用程序的基本功能，掌握 Access 数据库的基本操作，提高数据库的应用能力和分析问题能力。本书涉及数据库系统概述、数据库和表、查询、窗体、报表、宏、模块和 VBA 程序设计、数据库安全与管理、数据库综合操作案例。通过学习本书，可使读者以后能结合专业应用，开发出简单实用的应用系统。

本书提供了大量的实例，操作性强，适合作为各类高等学校非计算机专业计算机基础课程实训教材，也可作为参加全国计算机二级等级考试的复习用书，以及各类计算机培训班的辅导教材或初学者的自学用书。

图书在版编目（CIP）数据

数据库技术实训教程/李莉，高峰，仇德成主编. —北京：
中国铁道出版社有限公司，2019.11（2020.12 重印）
高等学校计算机类课程应用型人才培养规划教材
ISBN 978-7-113-26182-5

Ⅰ.①数… Ⅱ.①李… ②高… ③仇… Ⅲ.①数据库系统-
高等学校-教材 Ⅳ.①TP311.13

中国版本图书馆 CIP 数据核字（2019）第 238649 号

书　　名：**数据库技术实训教程**
作　　者：李　莉　高　峰　仇德成

策　　划：潘晨曦　　　　　　　　　　　　　　编辑部电话：（010）51873628
责任编辑：汪　敏　贾淑媛
封面设计：一克米工作室
封面制作：刘　颖
责任校对：张玉华
责任印制：樊启鹏

出版发行：中国铁道出版社有限公司（100054，北京市西城区右安门西街 8 号）
网　　址：http://www.tdpress.com/51eds/
印　　刷：三河市宏盛印务有限公司
版　　次：2019 年 11 月第 1 版　2020 年 12 月第 2 次印刷
开　　本：787 mm×1 092 mm　1/16　印张：14.25　字数：352 千
书　　号：ISBN 978-7-113-26182-5
定　　价：39.80 元

前　言

随着计算机技术的飞速发展和数据库技术的广泛应用，数据库技术的基础理论知识与应用技能已成为高等学校各专业学生必须掌握的技能。

本书的宗旨是以学生的学习需求为出发点，立足于帮助学生理解和掌握关于数据库的重点、难点内容，切实提高学生使用数据库技术的能力。本书以 Access 2010 为平台进行讲解，全书共 9 章，内容主要涉及基础知识讲解、思考与练习、实训操作。其中基础知识讲解部分对每一章节的基本概念、基本操作以及重点和难点内容进行了归纳总结，以帮助学生梳理思路，进一步巩固所学内容；思考与练习部分结合教材各章节的内容，以选择题、填空题、判断题和简答题的形式选编了一些测试题，以满足教学过程中学生在各章学习结束后进行巩固练习和自我测试需要。测试题不仅给出了参考答案，而且对问题涉及的部分较复杂和较难理解的知识点进行了深度分析和解读，以帮助学生对所学内容进行深刻理解和融会贯通；实训操作部分以创建一个常见的、典型的数据库系统为主线，从创建数据库开始，逐层展开，深入浅出地介绍了数据库中数据表的添加、查询、窗体、报表、宏以及 VBA 的创建和使用方法，所编排的实验内容覆盖面广、重点突出、思路清晰、操作提示详细，可以很好地帮助学生分析问题、解决问题，进而提高学生应用 Access 2010 的实际能力。第 9 章为数据库综合操作案例，从分析、设计以及代码编写等方面详细展示了一个比较简单的"成绩管理系统"的开发过程，目的是引导初学者自主开发一个 Access 2010 数据库应用系统。另外，本书附有全国计算机等级考试二级 Access 数据库程序设计考试大纲，以及全国计算机等级考试模拟试题和上机模拟试题。

本书受"河西学院 2018 年教材建设项目"资助出版，项目编号：HXXYJC-2018-09。

本书由李莉、高峰、仇德成任主编。第 1、2 两章由仇德成编写，3~8 章由李莉编写，第 9 章由高峰编写，"成绩管理系统"由高峰开发，全书由李莉负责统稿。

本书配有教学案例系统、综合实验示例系统、电子课件、课后习题答案、实训素材等资料，以方便读者练习和使用，相关资料源可以从中国铁道出版社有限公司网站（http://www.tdpress.com/51eds/）的下载区下载。在本书的编写过程中，参考了一些国内外优秀教材及数据库技术实训教程。王玉明院长、赵柱处长、吴建军院长对本书的编写提出了许多宝贵意见，在此表示衷心的感谢。

尽管我们做了很大的努力，但由于编者水平有限，书中疏漏与不妥之处在所难免，恳请读者批评指正。

编　者

2019 年 7 月

目 录

第 ① 章

数据库系统概述

1.1 数据库的基本概念

1. 数据和信息

数据：数据是数据库系统研究和处理的对象，本质上讲是描述事物的符号记录。数据用类型和值来表示。在现实世界中，数据类型不仅有数字符号、文字符号，而且还有图形、图像、声音等。

信息：信息是加工过的数据，这种数据对人类社会实践、生产及经营活动能产生决策性影响。也就是说，信息是一种数据，是经过数据处理后对决策者有用的数据。

数据处理：数据处理包括对各种形式的数据进行收集、存储、加工和传输等的一系列活动。其目的之一是从大量原始数据中抽取、推导出对人们有价值的信息，利用这些信息作为行动和决策的依据；另一目的是为了借助计算机科学地保存和管理复杂的、大量的数据，以使人们能够方便而充分地利用这些宝贵的信息资源。

2. 数据处理技术的发展概况

数据处理技术的发展概况如表 1-1 所示。

表 1-1　数据处理技术的发展概况

发 展 阶 段	主 要 特 征
人工管理 （1950—1965 年）	应用程序管理数据 数据不共享，一组数据只能对应一个程序，数据冗余度大 数据不具有独立性，数据与程序彼此依赖
文件系统 （1965—1970 年）	数据由文件系统管理，应用程序通过文件系统访问数据文件中的数据 数据文件之间没有联系，数据共享性差，冗余度大 数据独立性差，数据仍高度依赖于程序，是为特定的应用服务的
数据库系统 （1970 年至今）	数据由数据库管理系统统一管理和控制 数据是面向全组织的，共享性高，冗余度小 数据具有较高的逻辑独立和物理独立性

3. 数据库系统

数据库系统（Database System，DBS）是指安装和使用了数据库技术的计算机系统。数据库系统由 5 部分组成：

① 硬件系统：是数据库系统的物理支撑，要求有足够大的内存开销，对外存储器容量的要求也很高。

② 数据库。

③ 数据库管理系统。

④ 应用系统：是指在数据库管理系统的基础上根据实际需要开发的应用程序。

⑤ 数据库管理员和数据库的终端用户。

4. 数据库的定义

人们为解决特定的任务，以一定的组织方式存储在计算机中的相关数据的集合称为数据库（Database，DB），是指长期存储在计算机内的、有组织的、可共享的数据集合。

5. 数据库管理系统

数据库管理系统（Database Management System，DBMS）是数据库系统的一个重要组成部分，是操纵和管理数据库的软件系统。

在计算机软件系统的体系结构中，数据库管理系统位于用户和操作系统之间，如 Access、SQL Server、Oracle、Visual FoxPro 等都是常用的数据库管理系统。

数据库管理系统负责数据库在建立、使用、维护时的统一管理和统一控制。数据库管理系统使用户能方便地定义数据和操纵数据；能够保证数据的安全性、完整性；能够保证多用户对数据的并发使用以及发生错误后的系统恢复。

6. 数据库系统的特点

（1）数据结构化

在数据库系统中，每一个数据库都是为某一应用领域服务的，这些应用彼此之间都有着密切的联系。因此，在数据库系统中不仅要考虑某个应用的数据结构，还要考虑整个组织（多个应用）的数据结构。这种数据组织方式使数据结构化了，这就要求在描述数据时不仅要描述数据本身，还要描述数据之间的联系。

（2）数据共享性高、冗余度低

数据共享是指多个用户或应用程序可以访问同一个数据库中的数据，而且数据库管理系统提供并发和协调机制，保证在多个应用程序同时访问、存取和操作数据库数据时，不产生任何冲突，从而保证数据不遭到破坏。

数据冗余既浪费存储空间，又容易产生数据不一致等问题。

（3）具有较高的数据独立性

数据独立性是指应用程序与数据库的数据结构之间相互独立。在数据库系统中，因为采用了数据库的三级模式结构，保证了数据库中数据的独立性。在数据存储结构改变时，不影响数据的全局逻辑结构，这样保证了数据的物理独立性。在全局逻辑结构改变时，不影响用户的局部逻辑结构及应用程序，这样就保证了数据的逻辑独立性。

（4）有统一的数据控制功能

数据库管理系统提供了一套有效的数据控制手段，包括数据安全性控制、数据完整性控制、数据库的并发控制和数据库的恢复等，增强了多用户环境下数据的安全性和一致性保护。

1.2　数据模型

1. 数据模型

数据库的核心问题是数据模型。数据模型是对现实世界数据的模拟，是一个研究工具，利用这个研究工具可以更好地把现实中的事物抽象为计算机可处理的数据。

根据数据抽象的级别定义了 4 种模型，分别是：

- **概念模型**：表达用户需求观点的数据库全局逻辑结构。
- **逻辑模型**：表达计算机实现观点的数据库全局逻辑结构。
- **外部模型**：表达用户使用观点的数据库局部逻辑结构。
- **内部模型**：表达数据库物理结构。

2. 数据模型组成要素

数据模型由数据结构、数据操作和完整性规则 3 部分组成。

- 数据结构是描述一个数据模型性质最重要的方面，因此常按数据结构的类型命名数据模型，例如网状结构、层次结构和关系结构的数据模型分别命名为网状模型、层次模型和关系模型。
- 数据操作是指对数据库中各种对象（型）的实例（值）允许执行的操作的集合，包括操作及其有关的操作规则。数据库的操作主要包括查询和更新两个大类。
- 完整性规则是数据模型中数据及其联系所具有的制约和依存规则，这些规则的集合构成数据的约束条件，以确保数据的正确性、有效性和相容性。

3. 概念模型

概念模型是对客观事物及其相互联系的抽象描述。

- **实体（Entity）**：客观存在并相互区别的事物。
- **属性（Attribute）**：实体的特征。
- **实体集（Entity Set）**：相同类型实体的集合。
- **实体型（Entity Type）**：用实体名及其属性名集合来抽象描述实体集。
- **实体值（Entity Value）**：是实体的具体实例，是属性的集合。
- **实体联系（Entity Relationship）**：即实体之间的联系。

E-R 图是用一种直观的图形方式建立现实世界中实体及其联系模型的工具，也是数据库设计的一种基本工具（见图 1-1）。E-R 模型包括 3 个组成要素：

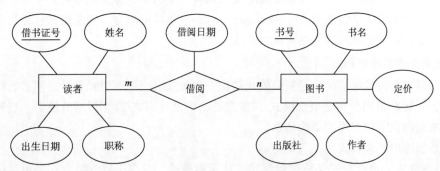

图 1-1　E-R 图

- 实体（集）：用矩形框表示，框内标注实体名称。
- 属性：用椭圆形表示，并用连线与实体集联系起来。
- 实体之间的联系：用菱形框表示，框内标注联系名称。

4. 实体间的联系

（1）一对一联系

如果对于实体集 A 中的每一个实体，实体集 B 中至多只有一个实体与之联系，反之亦然，则称实体集 A 与实体集 B 具有一对一联系，记为 1∶1。

（2）一对多联系

如果对于实体集 A 中的每一个实体，实体集 B 中可以有多个实体与之联系，反之，对于实体集 B 中的每一个实体，实体集 A 中至多只有一个实体与之联系，则称实体集 A 与实体集 B 有一对多联系，记为 1∶n。

（3）多对多联系

如果对于实体集 A 中的每一个实体，实体集 B 中可以有多个实体与之联系，而对于实体集 B 中的每一个实体，实体集 A 中也可以有多个实体与之联系，则称实体集 A 与实体集 B 之间有多对多联系，记为 $m∶n$。

5. 逻辑模型

常用的逻辑模型有 3 种：层次模型（hierarchical model）、网状模型（network model）和关系模型（relational model）。

（1）层次模型

层次模型用树状结构来表示实体及其之间的联系。根据树状结构的特点，建立数据的层次模型需要满足如下两个条件。

① 有一个结点没有父结点，这个结点即根结点。

② 其他结点有且仅有一个父结点。

（2）网状模型

网状模型用以实体类型为结点的有向图来表示各实体及其之间的联系。其特点如下：

① 可以有一个以上的结点无父结点。

② 至少有一个结点有多于一个的父结点。

（3）关系模型

关系模型用二维表格来表示实体及其相互之间的联系。在关系模型中，把实体集看成一个二维表，每一个二维表称为一个关系。每个关系均有一个名字，称为关系名。

关系模型是由若干个关系模式（relational schema）组成的集合，关系模式就相当于前面提到的实体类型，它的实例称为关系（relation）。

6. 数据库的结构体系

数据库领域公认的标准结构是三级模式结构及二级映射，三级模式包括外模式、概念模式和内模式，二级映射则分别是概念模式/内模式的映射及外模式/概念模式的映射。这种三级模式与二级映射构成了数据库的结构体系。

（1）数据库的三级模式

① 概念模式。概念模式又称逻辑模式，或简称模式，对应于概念级。它是由数据库设计

者综合所有用户的数据，按照统一的观点构造的全局逻辑结构，是对数据库中全部数据的逻辑结构和特征的总体描述，是所有用户的公共数据视图（全局视图）。

② 外模式。外模式又称子模式或用户模式，对应于用户级。它是某个或某几个用户所看到的数据库的数据视图，是与某一应用有关的数据的逻辑表示。外模式是从概念模式导出的一个子集，包含概念模式中允许特定用户使用的那部分数据。

③ 内模式。内模式又称存储模式或物理模式，对应于物理级。它是数据库中全体数据的内部表示或底层描述，是数据库最低一级的逻辑描述，它描述了数据在存储介质上的存储方式和物理结构，对应着实际存储在外存储介质上的数据库。

（2）三级模式间的二级映射

为了实现这 3 个抽象级别的联系和转换，数据库管理系统在三级模式之间提供了二级映射，正是这二级映射保证了数据库中的数据具有较高的物理独立性和逻辑独立性。

① 概念模式/内模式的映射。

② 外模式/概念模式的映射。

数据库的结构体系如图 1-2 所示。

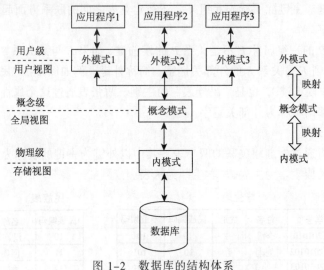

图 1-2 数据库的结构体系

1.3 关系数据库系统

1. 关系模型的基本概念

（1）关系

一个关系就是一张二维表，表是属性及属性值的集合。

（2）属性

表中每一列称为一个属性（字段），每列都有属性名，也称之为列名或字段名，例如，学号、姓名和出生日期都是属性名。

（3）域

域表示各个属性的取值范围。例如，性别只能取两个值，男或女。

（4）元组

表中的一行数据称为一个元组，也称为一个记录，一个元组对应一个实体，每张表中可以含多个元组。

（5）属性值

表中行和列的交叉位置对应某个属性的值。

（6）关系模式

关系模式是关系名及其所有属性的集合，一个关系模式对应一张表结构。

关系模式的格式：关系名（属性1，属性2，…，属性 n）。

例如，学生表的关系模式为：学生（学号，姓名，性别，出生日期，籍贯）。

（7）候选键

在一个关系中，由一个或多个属性组成，其值能唯一地标识一个元组（记录），称为候选键。

例如，学生表的候选键只有学号和身份证号。

（8）主关键字

一个表中可能有多个候选键，通常用户仅选用一个候选键，将用户选用的候选键称为主关键字，可简称为主键。主键除了标志元组外，还在建立表之间的联系方面起着重要作用。

（9）外部关键字

如果一个关系 R 的一组属性 F 不是关系 R 的候选键，如果 F 与某关系 S 的主键相对应（对应属性含义相同），则 F 是关系 R 的外部关键字，简称外键。例如图 1-3 "民族编码" 是 "学生表" 的一组属性（非候选键），也是 "民族表" 的主键。两张表通过这个属性建立联系，则 "学生表" 中的 "民族编码" 称为外部关键字。

（10）主表和从表

主表和从表是指通过外键相关联的两个表，其中以外键为主键的表称为主表，外键所在的表称为从表。如 "民族表" 为主表，"学生" 为从表。

学生表

学号	姓名	性别	民族编码	专业编码
2012010101	李雷	男	10	101
2012010102	刘刚	男	10	101
2012010103	王小美	女	11	301
2012010201	张悦	男	13	202

民族表

民族编码	名称
10	汉族
11	回族
12	满族
13	蒙古族

图 1-3 主表和从表

2. 关系模型的特点

① 每一列中的分量是同一类型的数据，来自同一个域。

② 不同的列可以来源于同一个域，称其中的每一列为一个属性，不同的属性要有不同的属性名。

③ 列的次序可以任意交换。

④ 行的次序可以任意交换。

⑤ 任意两个元组不能完全相同。

⑥ 每一个分量必须是不可分的数据项。

3. 关系模型的组成

关系模型由关系数据结构、关系操作和关系完整性约束 3 部分组成。

（1）关系数据结构

关系模型中数据的逻辑结构是一张二维表。在用户看来非常单一，但这种简单的数据结构能够表达丰富的语义。

（2）关系操作

关系操作是关系模型上的基础操作，这只是数据库操作中的一部分。关系操作的对象和结果都是关系。常用的关系操作包括两类：对记录（元组）的增加、删除、修改操作；查询操作。查询操作的对象以及结果都是关系，包括选择、投影、连接、并、交、差和广义笛卡儿积等。

（3）关系的完整性约束

关系模型的完整性规则是对关系的某种约束条件。关系模型中有三类完整性约束：实体完整性规则、用户定义完整性规则和参照完整性规则。

① 实体完整性规则。关系的主键可以标识关系中的每条记录，而关系的实体完整性要求关系中的记录不允许出现两条记录的主键值相同，既不能有空值，也不能有重复值。实体完整性规则规定关系的所有主属性都不能为空值，而不是整体不能为空值。

例如，学生表（学号、姓名、性别、民族编码、专业编码）中，"学号"为主关键字，则"学号"都不能取空值，而不是整体不能为空。

② 用户定义的完整性规则。不同的关系数据库系统根据其应用环境的不同，通常需要针对某一具体字段设置约束条件。

例如，性别字段的取值只能是"男"或"女"。

③ 参照完整性规则。参照完整性是相关联的两个表之间的约束。对于具有主从关系的两个表来说，从表中每条记录对应的外键值必须是主表中存在的，如果在两个表之间建立了关联关系，则对一个关系进行的操作要影响到另一个表中的记录。

例如，在学生表和民族表之间用"民族编码"建立了关联关系，民族表是主表，学生表是从表，那么在向从表添加新记录时，系统要检查新记录的"民族编码"是否在主表中已存在，如果存在则允许执行输入操作，否则拒绝输入。

4. 关系运算

关系数据库中的查询操作功能非常强大。尤其是用户可以快速实现从单个表或多个有关联的表中提取有用信息。这都基于关系模型中蕴含的关系数学理论基础——关系代数。

关系代数是一种抽象的查询语言，用对关系的运算来表达查询，是研究关系数据语言的数学工具。关系代数的运算对象是关系，运算结果亦为关系。

关系代数的运算可分为传统关系运算和专门关系运算两类。

传统关系运算是二目运算，包括并、交、差、广义笛卡儿积 4 种运算。

专门关系运算包括选择、投影和连接。

5. 关系数据库管理系统（RDBMS）

关系数据库理论建立在关系代数理论基础之上，借助数学工具形成了一整套数据库设计的理论与方法，关系数据库理论具有科学的严谨性和严密性。

关系数据库管理系统的功能主要有 4 方面：数据定义、数据处理、数据控制和数据维护。

常见的关系数据库管理系统：Oracle、DB2、Sybase、Informix、RDB、SQL Server、Access、Visual FoxPro 等。

6. E-R 模型到关系模型的转化

某教学管理系统的 E-R 图如图 1-4 所示。将 5 个实体及 2 个 $m:n$ 联系转化成 7 个关系模式，具体结构如下。

- 学生（学号，姓名，性别，出生年月，专业名称）
- 课程（课程编号，课程名称，课程类别，学分）
- 选课（学号，课程编号，成绩）
- 教师（教师号，姓名，性别，职称，学院名称）
- 授课（教师号，课程编号，上课教室）
- 学院（学院名称，网址，教师人数）
- 专业（专业名称，成立年份，专业简介）

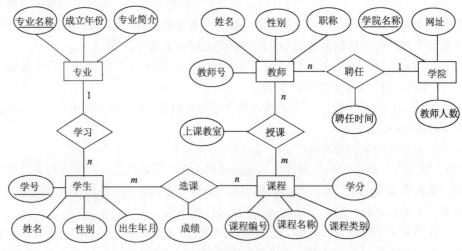

图 1-4　教学管理系统的 E-R 图

1.4　Access 2010 概述

1. Access 的特点

（1）Access 的优点

① 存储方式简单。

② 面向对象。

③ 界面友好、易操作。

④ 集成环境、处理多种数据信息。

⑤ Access 支持 ODBC。

（2）Access 的缺点

Access 属于小型数据库管理系统，在实际应用中存在一定的局限性：

① 当数据库过大时（一般当 Access 数据库达到 50 MB 左右时）性能会急剧下降。

② 当网站访问太频繁时（经常达到 100 人左右的在线时）性能会急剧下降。

③ 当记录数过多时（一般记录数达到 10 万条左右）性能就会急剧下降。

2. Access 操作界面

Access 操作界面如图 1-5 所示。

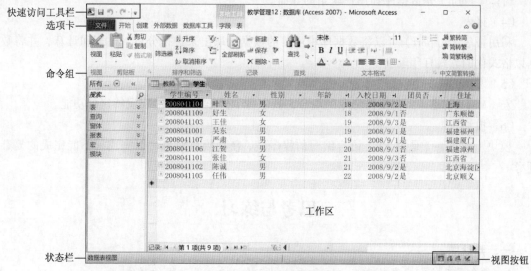

图 1-5 Access 操作界面

3. Access 的数据对象

Access 作为一个数据库管理系统，实质上是一个面向对象的可视化的数据库管理工具，采用面向对象的方式将数据库系统中的各项功能对象化，通过各种数据库对象来管理信息，Access 中的对象是数据库管理的核心。

Access 数据库中包括 6 种数据对象，分别是表、查询、窗体、报表、宏和模块（见图 1-6）。

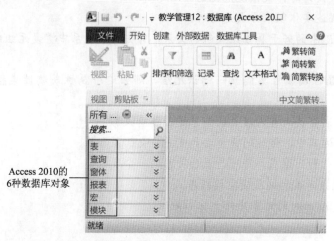

图 1-6 Access 的数据对象

（1）表

表（Table）又称数据表，它是数据库的核心与基础，用于存放数据库中的全部数据。

（2）查询

查询（Query）是按照一定的条件从一个或多个表中筛选出所需要的数据而形成的一个动态数据集，并在一个虚拟的数据表窗口中显示出来。

（3）窗体

窗体（Form）是数据库和用户联系的界面。

（4）报表

利用报表（Report）可以将数据库中需要的数据提取出来进行分析、整理和计算，并将数据以格式化的方式打印输出。

（5）宏

宏（Macro）是一系列操作命令的集合，其中每个操作命令都能实现特定的功能。

（6）模块

模块（Module）是用 VBA 语言编写的程序段，使用模块对象可以完成宏不能完成的复杂任务。

思考与练习

一、判断题

1. 信息是反映客观事物存在方式和运动状态的记录，是数据的载体。　　　　（　　）

2. 信息可定义为人们对于客观事物属性和运动状态的反映。　　　　　　　（　　）

3. 网状模型的主要特征是允许一个以上的结点无父结点且一个结点可以有多于一个的父结点。　　　　　　　　　　　　　　　　　　　　　　　　　　　　　　（　　）

4. 数组是一种特殊的数据类型。　　　　　　　　　　　　　　　　　　　（　　）

5. 实体只能是具体的人、事、物，不能是抽象的概念与联系。　　　　　　（　　）

6. 在关系模式设计时，关系规范化的等级越高越好。　　　　　　　　　　（　　）

7. 以一对二描述实体联系方式是对的。　　　　　　　　　　　　　　　　（　　）

8. 选择关系 R 中的若干属性组成新的关系，并去掉新关系中重复元组的操作被称为选择运算。　　　　　　　　　　　　　　　　　　　　　　　　　　　　　　　（　　）

9. 如果一个属性或属性集能唯一标识元组，那么这个属性或属性集称为关系模式的候选码。　　　　　　　　　　　　　　　　　　　　　　　　　　　　　　　　　（　　）

10. 基于雇员表查找所有女雇员的关系运算属于投影。　　　　　　　　　　（　　）

11. 关系代数运算中，传统的集合运算有并、交、差和除。　　　　　　　　（　　）

12. 二维表由行和列组成，每一行表示关系的一个属性。　　　　　　　　　（　　）

13. Access 数据库属于关系模型数据库。　　　　　　　　　　　　　　　　（　　）

14. 表对象在 Access 的对象中处于核心地位。　　　　　　　　　　　　　　（　　）

二、选择题

1. （　　　）是存储在计算机内有结构的数据的集合。

　　A. 数据库系统　　　B. 数据库　　　C. 数据库管理系统　　D. 数据结构

2. （　　　）是许多高级语言的数据存放的特有格式。

    A. 数据文件　　　　　B. 图形文件　　　　C. 描述文件　　　　　D. 汇编程序

3. 不是数据库系统组成部分的是（　　　　）。

    A. 说明书　　　　　　B. 数据库　　　　　C. 软件　　　　　　　D. 硬件

4. 存储在计算机存储设备中的、结构化的相关数据的集合是（　　　　）。

    A. 数据处理　　　　　B. 数据库　　　　　C. 数据库系统　　　　D. 数据库应用系统

5. 关于数据库系统的特点，下列说法正确的是（　　　　）。

    A. 数据的集成性　　　　　　　　　B. 数据的高共享性与低冗余性

    C. 数据的统一管理与控制　　　　　D. 以上说法都正确

6. 数据库系统包括（　　　　）。

    A. 数据库语言，数据库　　　　　　B. 数据库，数据库应用程序

    C. 数据管理系统，数据库　　　　　D. 硬件环境、软件环境、数据库、人员

7. 数据库系统的核心是（　　　　）。

    A. 软件工具　　　　B. 数据模型　　　　C. 数据库管理系统　　　D. 数据库

8. 数据库系统的特点是：（　　　　），数据独立，减少数据冗余，避免数据不一致和加强了数据保护。

    A. 数据共享　　　　B. 数据存储　　　　C. 数据应用　　　　　　D. 数据保密

9. 数据库系统与文件系统的主要区别是（　　　　）。

    A. 数据库系统复杂，而文件系统简单

    B. 文件系统不能解决数据冗余和数据独立性问题，而数据库系统可以解决

    C. 文件系统只能管理程序文件，而数据库系统能够管理各种类型的文件

    D. 文件系统管理的数据量较少，而数据库系统可以管理庞大的数据量

10. 关于数据模型的基本概念，下列说法正确的是（　　　　）。

    A. 数据模型是表示数据本身的一种结构

    B. 数据模型是表示数据之间关系的一种结构

    C. 数据模型是指客观事物及其联系的数据描述，具有描述数据和数据联系两方面的功能

    D. 模型是指客观事物及其联系的数据描述，它只是具有数据的功能

11. 模型是对现实世界的抽象，在数据库技术中，用模型的概念描述数据库的结构与语义，对现实世界进行抽象。表示实体类型及实体间联系的模型称为（　　　　）。

    A. 数据模型　　　　B. 实体模型　　　　C. 逻辑模型　　　　　　D. 物理模型

12. 从关系模式中，指定若干属性组成新的关系称为（　　　　）。

    A. 选择　　　　　　B. 投影　　　　　　C. 连接　　　　　　　　D. 自然连接

13. 二维表由行和列组成，每一行表示关系的一个（　　　　）。

    A. 属性　　　　　　B. 字　　　　　　　C. 集合　　　　　　　　D. 元组

14. 关系 R 和关系 S 的交运算是（　　　　）。

    A. 由关系 R 和关系 S 的所有元组合并，再删去重复的元组的集合

    B. 由属于 R 而不属于 S 的所有元组组成的集合

    C. 由既属于 R 又属于 S 的元组组成的集合

    D. 由 R 和 S 的元组连接组成的集合

三、简答题

1. 什么是数据库？数据库系统由哪些部分组成？

2. 关系模型有什么特点？

3. 什么是数据？什么是信息？数据与信息之间有着怎样的关系？

4. 使用数据库系统有什么好处？

5. 什么是实体完整性、参照完整性和用户自定义的完整性？

6. Access 2010 中的数据库对象有哪几种？各对象的功能作用是什么？

第 ② 章

数据库和表

2.1　创建数据库

考虑数据库及其应用系统开发全过程，可以将数据库设计分为 6 个阶段：需求分析、概念设计、逻辑设计、物理设计、数据库实施、数据库运行和维护。

1．需求分析阶段

需求分析的任务是通过详细调查现实世界要处理的对象（组织、部门、行业等），充分了解用户单位目前的工作状况，明确用户的各种需求，然后在此基础上确定新系统的功能。

2．概念设计阶段

将需求分析得到的用户需求抽象为信息结构即概念模型的过程就是概念设计，它是整个数据库设计的关键。

在需求分析阶段所得到的应用需求应该首先抽象为概念模型，以便更好、更准确地用某一数据库管理系统实现这些需求。

概念模型是各种逻辑模型的共同基础，它比逻辑模型更独立于机器、更抽象，从而更加稳定。描述概念模型的有力工具是 E–R 图。

3．逻辑设计阶段

数据库逻辑设计是将概念模型转换为逻辑模型，也就是被某个数据库管理系统所支持的数据模型，并对转换结果进行规范化处理。关系数据库的逻辑结构由一组关系模式组成，因而，从概念模型结构到关系数据库逻辑结构的转换就是将 E–R 图转化为关系模型的过程。

4．物理设计阶段

数据库在物理设备上的存储结构与存取方法称为数据库的物理结构，它依赖于给定的计算机系统。为一个给定的逻辑模型选取一个最适合应用要求的物理结构的过程，就是数据库的物理设计。

5．数据库实施阶段

完成数据库的物理设计之后，就要用数据库管理系统提供的数据定义语言和其他实用程序将数据库逻辑设计和物理设计结果严格地描述出来，成为数据库管理系统可以接收的源代码，再经过调试产生目标代码，然后就可以组织数据入库，这就是数据库实施阶段。

数据库实施阶段包括两项重要的工作：一是数据的载入；二是应用程序的编码和调试。

6. 数据库运行和维护阶段

数据库系统经过试运行合格后，数据库开发工作就基本完成，即可正式投入运行。在数据库系统的运行过程中，对数据库设计进行评价、调整、修改等维护工作是一个长期的任务，也是设计工作的继续和提高。

在数据库运行阶段，对数据库经常性的维护工作主要是由数据库管理员完成的，它包括数据库的转储和恢复、数据库的安全性与完整性控制、数据库性能的分析和改造、数据库的重组织与重构造。

2.2　创　建　表

1. 表概述

表是用来存储和管理数据的对象，它是整个数据库系统的基础，也是数据库其他对象的操作基础。在 Access 中，表是一个满足关系模型的二维表，即由行和列组成的表格。表包括两个部分：表结构和表内容。表结构包括字段名、字段类型、字段属性等。表的内容即表中的记录。创建表要先建立表的结构，再输入表的记录。

表以名称标识，表的名称可以由字母、汉字、数字、空格及其他非保留字符组成，不得以空格开头。保留字符包括：圆点（.）、感叹号（!）、方括号（[ ]）、重音符号（`）和 ASCII 码值在 0~31 的控制字符。

2. 表结构的组成

- 字段名称。
- 字段类型。
- 字段属性。
- 字段说明。

3. 表的创建

可通过以下几种方式创建表：

- 使用数据表视图创建表。
- 使用模板创建表。
- 使用设计视图创建表。

2.3　数据类型与字段属性

1. 字段的数据类型

在 Access 中，字段的数据类型可分为文本型、备注型、数字型、日期/时间型、货币型、自动编号型、是/否（逻辑）型、OLE 对象型、超链接型以及查阅向导型等 10 种。

（1）文本型

文本型字段用来存放字符串数据，如学号、姓名、性别等字段。

文本型数据可以存储汉字和 ASCII 字符集中可打印字符，最大长度为 255 个字符，用户可以根据需要自行设置。

（2）备注型

备注型字段用来存放较长的文本型数据，如备忘录、简历等字段。

备注型数据是文本型数据类型的特殊形式，没有数据长度的限制，但受磁盘空间的限制。

（3）数字型

数字型字段用来存储整数、实数等可以进行计算的数据。数字型可以分为整型、长整型、单精度型、双精度型等。

数据的长度由系统设置，分别为 1、2、4、8 个字节。

（4）日期/时间型

日期/时间型字段用于存放日期、时间或日期时间的组合。

日期/时间型数据分为常规日期、长日期、中日期、短日期、长时间、中时间、短时间等类型。

字段大小为 8B，由系统自动设置。

（5）货币型字段

货币型字段用于存放具有双精度属性的货币数据。

字段大小为 8 个字节，由系统自动设置。

（6）自动编号型

自动编号型字段用于存放系统为记录绑定的顺序号。自动编号型字段的数据无须输入，当增加记录时，系统为该记录自动编号。字段大小为 4B，由系统自动设置。

一个表只能有一个自动编号型字段，该字段中的顺序号永久与记录相联，不能人工指定或更改自动编号型字段中的数值。

（7）是/否型

是/否型字段用于存放逻辑数据，表示"是/否"或"真/假"。字段大小为 1B，由系统自动设置。

例如：婚否、团员否等字段可以使用是/否型。

（8）OLE 对象型

OLE（object linking and embedding）的含义是"对象的链接与嵌入"，用来链接或嵌入 OLE 对象。例如：文字、声音、图像、表格等。

（9）超链接型

超链接型字段存放超链接地址。例如：网址、电子邮件。超链接型字段大小不定。

（10）查阅向导型

查阅向导型字段仍然显示为文本型，所不同的是该字段保存一个值列表，输入数据时从一个下拉式值列表中选择。

2. 字段的属性设置

（1）字段大小

使用"字段大小"属性可以设置"文本"、"数字"或"自动编号"类型的字段中可保存数据的最大容量。

对于"文本"类型的数据，其"字段大小"可设置从 0~255 之间的一个数字作为其字段长度的最大值。默认值为 255。

对于"自动编号"类型的数据，其"字段大小"属性可设为"长整型"或"同步复制 ID"（参见表 2-1）。

对于"数字"类型的数据，其"字段大小"属性的设置及其值将按表 2-1 中的说明进行匹配。

表 2-1　数字类型的字段大小

数 字 类 型	值 范 围	小 数 位 数	字 段 长 度/B
字节	$0 \sim 255$	无	1
整型	$-32\,768 \sim 32\,767$	无	2
长整型	$-2\,147\,483\,648 \sim 2\,147\,483\,647$	无	4
单精度	$-3.4 \times 10^{38} \sim 3.4 \times 10^{38}$	7	4
双精度	$-1.797\,34 \times 10^{308} \sim 1.797\,34 \times 10^{308}$	15	8

（2）格式

使用"格式"属性可以指定字段的数据显示格式。"格式"设置对输入数据本身没有影响，只是改变数据输出的样式。

"格式"有预定义格式和自定义格式两种格式类型。

在 Access 2010 提供的 12 种数据类型中，自动编号、数字、货币、日期/时间和是/否 5 种数据类型既可以进行预定义格式设置，又可以进行自定义格式设置；而文本、备注和超链接 3 种数据类型只可以进行自定义格式设置，没有预定义格式设置；OLE 对象没有"格式"属性。

（3）输入掩码

输入掩码用于设置字段中的数据格式，可以控制用户按指定格式在文本框中输入数据，输入掩码主要用于文本型、日期/时间型、数字型和货币型字段。

与前面讲过的"格式"属性对比："格式"是用来限制数据输出格式的属性，而"输入掩码"则是用来控制数据输入格式的属性。

输入掩码操作方法：首先选择需要设置的字段类型，然后在"常规"选项卡下部单击"输入掩码"属性框右侧的按钮，即启动"输入掩码向导"对话框。

输入掩码由 3 个用分号分隔的节组成，如"000/99/99;0;@"。每个节的具体含义见表 2-2，而可以用来作为输入掩码的有效字符集见表 2-3。

表 2-2　输入掩码每个节的具体含义

节	含　义
第一节	定义输入掩码
第二节	确定是否保存原义显示字符 0：已输入的值保存原义字符 1 或空白：只保存输入的非空格字符
第三节	显示在输入掩码处的非空格字符，可以使用任何字符，""代表一个空格。如果省略该节，将显示下画线

表 2-3　输入掩码字符集

用户必须输入		可输可不输	
符　　号	输　　入	符　　号	输　　入
0	数字 0～9	9、#	数字或空格
L	字母 A～Z	?	字母 A～Z
A	字母或数字	a	字母或数字

（4）默认值

使用"默认值"属性可以指定添加新记录时自动输入的值，通常在表中某字段数据内容相同或含有相同部分时使用，目的在于简化输入，提高输入速度。例如，对"学生"表中的"性别"字段可以设置默认值为"男"。

（5）有效性规则

"有效性规则"是 Access 中一个非常有用的属性，使用有效性规则可以防止非法数据输入到表字段中。通常将"有效性规则"属性和下面的"有效性文本"属性结合使用，起到对字段数据进行规范输入的约束作用。

（6）有效性文本

"有效性规则"能够检查错误的输入或者不符合逻辑的输入。当系统发现输入错误时，会显示提示信息，为了使提示信息更加清楚、明确，可以定义"有效性文本"属性。有效性文本属性值将操作错误提示信息显示给用户。例如，对"学生"表中的"性别"字段可以设置"有效性文本"属性为"提示：只能输入男或女"。

（7）标题

字段的"标题"属性是用来设置字段的显示标题的属性。字段名称在通常情况下就是字段的显示标题，但也可以给字段名称另外起一个标题名称专用于显示。

（8）必须

"必须"属性有"是"和"否"两个取值。当取值为"是"时，表示必须填写本字段，不允许该字段数据为空；当取值为"否"时，表示可以不必填写本字段数据。

（9）允许空字符串

"允许空字符串"属性仅用来设置文本字段，也只有"是"和"否"两个取值。当取值为"是"时，表示允许该字段数据为空字符串；当取值为"否"时，表示不允许该字段数据为空字符串。

（10）索引

"索引"属性是最重要的字段属性之一，索引能提高字段搜索和排序的速度。在表的"设计视图"窗口对应某个字段的"常规"选项卡中的"索引"属性用于设置单一字段索引。属性值有 3 种："无"、"有（有重复）"和"有（无重复）"。

字段属性的设置如表 2-4 所示。

表 2-4　字段属性的设置

属　　性	使　　用
字段大小	输入介于 1~255 的值。文本字段可在 1~255 个字符间变化。对于较大文本字段，请使用备注数据类型
小数位数	指定显示数字时要使用的小数位数

续表

属　　性	使　　用
允许空字符串	允许在超链接、文本或备注字段中输入零长度字符串(Yes)（通过设置为"是"）
标题	默认情况下，以窗体、报表和查询的形式显示此字段的标签文本。如果此属性为空，则会使用字段的名称。允许使用任何文本字符串
默认值	添加新记录时自动向此字段分配指定值
格式	决定当字段在数据表或绑定到该字段的窗体或报表中显示或打印时该字段的显示方式
索引	指定字段是否具有索引
必填	需要在字段中输入数据
文本对齐	指定控件内文本的默认对齐方式
有效性规则	提供一个表达式，该表达式必须为 True 才能在此字段中添加或更改值。该表达式和"有效性文本"属性一起使用
有效性文本	输入要在输入值违反有效性规则属性中的表达式时显示的消息

2.4　建立表之间的关系

当需要使一个表中的行与另一个表中的行关联时，可以创建两个表间的关系。

1. 创建表间关系的前提条件

- 要求创建关系的两个表中相关联的字段类型相同。
- 要先在创建关系的两个表中相关联的字段上建立索引。

2. 表间关系类型

- 一对一关系。
- 一对多关系。
- 多对多关系。

建立了表间的关系后可以设置参照完整性。参照完整性是一个规则，使用它可以保证已存在关系的表中的记录之间的完整有效性，并且不会随意地删除或更改相关数据。参照完整性包括级联更新和级联删除。

- 在 Access 数据库中，两个表之间可以通过公共字段或语义相同的字段建立关系，以便同时查询多个表中的相关数据。
- 当创建表之间的关系时，连接字段不一定有相同名称，但数据类型必须相同。连接字段在一个表中通常是主键或主索引，同时作为外键存在于关联表中。
- 连接字段在两个表中若均为主键或唯一索引，则两个表之间就是一对一关系；连接字段只在一个表中为主索引或唯一索引，则两个表之间就是一对多关系。关系中处于"一"方的表称为主表或父表，另一方的表称为子表。
- 在"关系"窗口中可以创建和删除关系。

2.5 编辑数据表

在数据管理过程中，经常需要对数据表的结构或表中的数据进行调整或修改。Access 2010 允许对表进行编辑和修改，对表的修改可分为修改表的结构和修改表中的数据。

1. 修改表结构

修改表结构包括修改字段名、字段类型、字段大小，还可以增加新字段、删除字段、插入新字段、调整字段的顺序及修改字段的属性，这些操作都通过表设计器完成。

2. 编辑表中的数据

表数据的编辑包括数据的修改、复制、查找、替换以及删除记录、插入新记录等。

利用"查找|替换"功能可以成批修改数据。

2.6 设置数据表格式

- 调整字段的次序。
- 调整字段的宽度和行的高度。
- 设置字体格式。
- 设置网格线和背景颜色。
- 隐藏和冻结字段。

2.7 数据库及表的操作实训

1. 实验目的

① 掌握数据库的创建及其他简单操作。

② 熟练掌握数据表建立、数据表维护、数据表的操作。

2. 实验内容与要求

① 数据库的创建、打开、关闭。

② 数据表的创建：建立表结构、设置字段属性、建立表之间关系、数据的输入。

③ 数据表维护：打开表、关闭表、调整表外观、修改表结构、编辑表内容。

④ 数据表的操作：查找替换数据、排序记录、筛选记录。

实训 1 创建数据库

1. 创建空数据库

要求：建立"教学管理.accdb"数据库，并将建好的数据库文件保存在"D:\实验 1"文件夹中。

操作步骤：

① 在 Access 2010 启动窗口中，在中间窗格的上方，单击"空数据库"，在右侧窗格的文件名文本框中，给出一个默认的文件名"Database1.accdb"。把它修改为"教学管理"如图 2-1 所示。

② 单击 按钮, 在打开的 "文件新建数据库" 对话框中, 选择数据库的保存位置, 在 "D\
实验 1" 文件夹中, 单击 "确定" 按钮, 如图 2-2 所示。

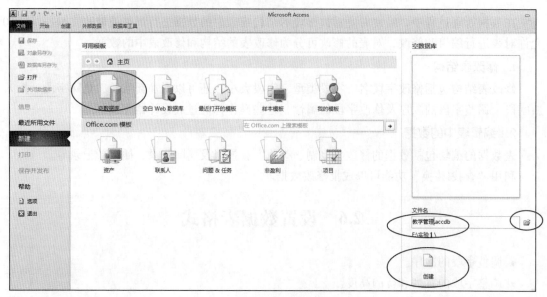

图 2-1　创建教学管理数据库

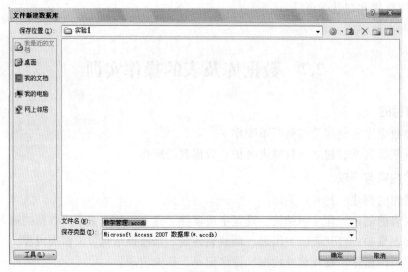

图 2-2　"文件新建数据库" 对话框

③ 这时返回到 Access 启动界面, 显示将要创建的数据库的名称和保存位置, 如果用户未
提供文件扩展名, Access 将自动添加上。

④ 在右侧窗格下面, 单击 "创建" 命令按钮, 如图 2-1 所示。

⑤ 这时开始创建空白数据库, 自动创建了一个名称为表 1 的数据表, 并以数据表视图方
式打开这个表 1, 如图 2-3 所示。

⑥ 这时光标将位于 "添加新字段" 列中的第一个空单元格中, 现在就可以输入数据, 或
者从另一数据源粘贴数据。

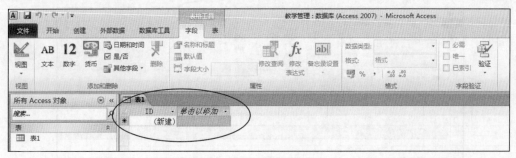

图 2-3　表 1 的数据表视图

2. 使用模板创建 Web 数据库

要求：利用模板创建"联系人 Web 数据库.accdb"数据库，保存在"D:\实验 1"文件夹中。

操作步骤：

① 启动 Access。

② 在启动窗口中的模板类别窗格中，单击"样本模板"，打开可用模板窗格，Access 提供的可用模板可分成两组：一组是 Web 数据库模板，另一组是传统数据库模板——罗斯文数据库。Web 数据库是 Access 2010 新增的功能。这一组 Web 数据库模板可以让新老用户比较快地掌握 Web 数据库的创建，如图 2-4 所示。

③ 选中"联系人 Web 数据库"，则自动生成一个文件名"联系人 Web 数据库.accdb"，保存位置在默认 Windows 系统所安装时确定的"我的文档"中，显示在右侧的窗格中，参见图 2-4 所示。

当然，用户可以自己指定文件名和文件保存的位置，如果要更改文件名，直接在文件名文本框中输入新的文件名，如要更改数据库的保存位置，单击"浏览"　按钮，在打开的"文件新建数据库"对话框中，选择数据库的保存位置。

图 2-4　"可用模板"窗格和数据库保存位置

④ 单击"创建"按钮，开始创建数据库。

⑤ 数据库创建完成后，自动打开"联系人 Web 数据库"，并在标题栏中显示"联系人"，如图 2-5 所示。

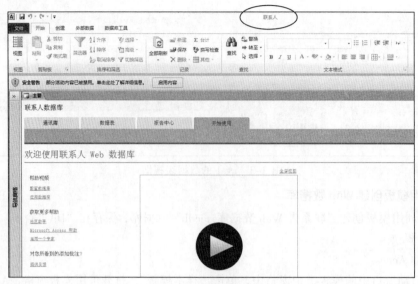

图 2-5　联系人数据库

注意: 在这个窗口中,还提供了配置数据库和使用数据库教程的链接。如果计算机已经联网,则单击链接,就可以播放相关教程。

实训 2　数据库的打开和关闭

1. 打开数据库

要求:以独占方式打开"教学管理.accdb"数据库。

操作步骤:

① 选择"文件"→"打开",弹出"打开"对话框。

② 在"打开"对话框的"查找范围"中选择"D:\实验 1"文件夹,在文件列表中选"教学管理.accdb",然后单击"打开"下拉按钮,选择"以独占方式打开",如图 2-6 所示。

图 2-6　以独占方式打开数据库

2. 关闭数据库

要求：关闭打开的"教学管理.accdb"数据库。

操作步骤：

单击数据库窗口右上角的"关闭"按钮，或在 Access 2010 主窗口选"文件"→"关闭"菜单命令。

实训 3　建立表结构

1. 使用"设计视图"创建表

要求：在"教学管理.accdb"数据库中利用设计视图创建"教师"表各个字段，教师表结构如表 2-5 所示。

操作步骤：

① 打开"教学管理.accdb"数据库，在功能区上的"创建"选项卡的"表格"组中，单击"表设计"按钮，参见图 2-7 所示。

② 单击"表格工具/视图"→"设计视图"，如图 2-8 所示。弹出"另存为"对话框，表名称文本框中输入"教师"，单击"确定"按钮。

图 2-7　创建表

③ 打开表的设计视图，按照表 2-5 教师表结构内容，在字段名称列输入字段名称，在数据类型列中选择相应的数据类型，在常规属性窗格中设置字段大小，如图 2-9 所示。

④ 单击"保存"按钮，以"教师"为名称保存表。

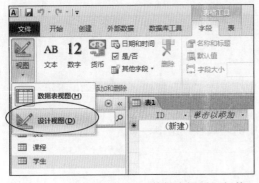

图 2-8　"设计视图"和"数据表视图"切换

图 2-9　"设计视图"窗口

表 2-5　教师表结构

字　段　名	类　　型	字　段　大　小	格　　　式
教师编号	文本	5	
姓名	文本	4	
性别	文本	1	
年龄	数字	整型	
工作时间	日期/时间		短日期
政治面貌	文本	2	
学历	文本	4	

续表

字 段 名	类 型	字段大小	格 式
职称	文本	3	
系别	文本	2	
联系电话	文本	12	
在职否	是/否		是/否

2. 使用"数据表视图"创建表

要求：在"教学管理.accdb"数据库中创建"学生"表，使用"数据表视图"创建"学生"表的结构，其结构如表 2-6 所示。

表 2-6　学生表结构

字 段 名	类 型	字段大小	格 式
学生编号	文本	10	
姓名	文本	4	
性别	文本	2	
年龄	数字	整型	
入校日期	日期/时间		中日期
团员否	是/否		是/否
住址	备注		
照片	OLE 对象		

操作步骤：

① 打开"教学管理.accdb"数据库。

② 在功能区上的"创建"选项卡的"表格"组中，单击"表"按钮，如图 2-10 所示。这时将创建名为"表 1"的新表，并在"数据表视图"中打开它。

③ 选中 ID 字段，在"表格工具/字段"选项卡中的"属性"组中，单击"名称和标题"按钮，如图 2-11 所示。

图 2-10　"表格"组

图 2-11　字段属性组

④ 在打开的"输入字段属性"对话框的"名称"文本框中，输入"学生编号"，如图 2-12 所示。

⑤ 选中"学生编号"字段列，在"表格工具/字段"选项卡的"格式"组中，把"数据类型"设置为"文本"，如图 2-13 所示。

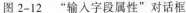

图 2-12　"输入字段属性"对话框	图 2-13　数据类型设置

　　注意：ID 字段默认数据类型为"自动编号"，添加新字段的数据类型为"文本"，如果用户所添加的字段是其他的数据类型，可以在"表格工具/字段"选项卡的"添加和删除"组中，单击相应的一种数据类型的按钮，如图 2-14 所示。

　　如果需要修改数据类型，以及对字段的属性进行其他设置，最好的方法是在表设计视图中进行，在 Access 工作窗口的右下角，单击"设计视图"按钮，打开表的设计视图，设置完成后要再保存一次表。

　　⑥ 在"添加新字段"下面的单元格中，输入"张佳"，这时 Access 自动为新字段命名为"字段 1"，如图 2-15 所示，重复步骤④的操作，把"字段 1"的名称修改为"姓名"名称。

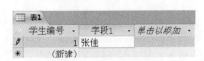

图 2-14　数据类型设置功能栏	图 2-15　添加新字段修改字段名称后的结果

　　⑦ 以同样方法，按表 2-6 学生表结构的属性，依次定义表的其他字段。再利用设计视图修改。

　　⑧ 最后在"快速访问工具栏"中，单击保存按钮。输入表名"学生"，单击"确定"按钮。

3．通过导入来创建表

　　数据共享是加快信息流通、提高工作效率的要求。Access 提供的导入导出功能就是用来实现数据共享的工具。

　　在 Access 中，可以通过导入存储在其他位置的信息来创建表。例如，可以导入 Excel 工作表、ODBC 数据库、其他 Access 数据库、文本文件、XML 文件及其他类型文件。

　　要求：将"课程.xls"和"选课成绩.xls"导入到"教学管理.accdb"数据库中。"选课成绩"表结构按表 2-7 所示修改。

表 2-7　选课成绩表结构

字　段　名	类　　　型	字 段 大 小	格　　式
选课 ID	自动编号		
学生编号	文本	10	
课程编号	文本	5	
成绩	数字	整型	

操作步骤：

　　① 打开"教学管理"数据库，在功能区，选中"外部数据"选项卡，在"导入并链接"

组中，单击"Excel"按钮，如图 2-16 所示。

图 2-16　外部数据选项卡

② 在打开的"获取外部数据库"对话框中，单击"浏览"按钮，在打开的"打开"对话框中，在"查找范围"定位于外部文件所在文件夹，选中导入数据源文件"课程.xls"，单击"打开"按钮，返回到"获取外部数据"对话框，单击"确定"按钮，如图 2-17 所示。

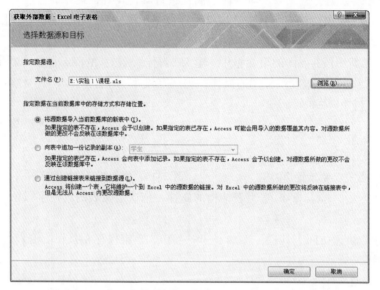

图 2-17　"获取外部数据"对话框—选择数据源和目标

③ 在打开的"导入数据表向导"对话框中，直接单击"下一步"按钮，如图 2-18 所示。

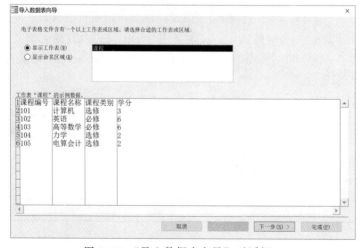

图 2-18　"导入数据表向导"对话框 1

④ 在打开的对话框中，选中"第一行包含列标题"复选框，然后单击"下一步"按钮，如图 2-19 所示。

⑤ 在打开的对话框中，指定"课程编号"的数据类型为"文本"，索引项为"有（无重复）"，如图 2-20 所示，然后依次选择其他字段，设置"学分"的数据类型为"整形"，其他默认，单击"下一步"按钮。

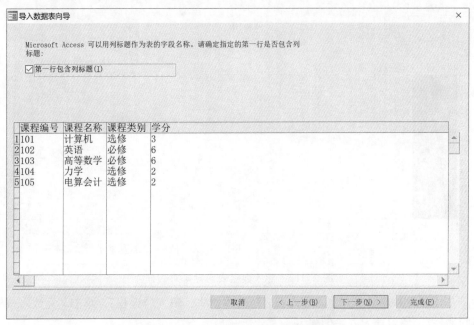

图 2-19 "导入数据表向导"对话框 2

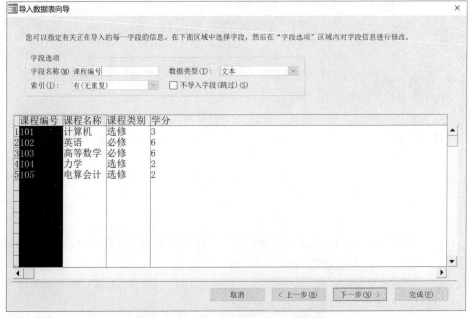

图 2-20 "导入数据表向导"对话框 3

在打开的对话框中，选中"我自己选择主键"单选按钮，Access 自动选定"课程编号"，然后单击"下一步"按钮，如图 2-21 所示。

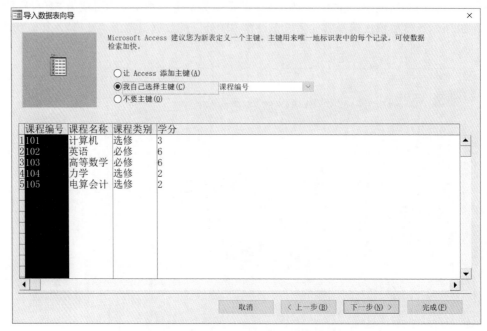

图 2-21　"导入数据表向导"对话框 4

⑥ 在打开的对话框中，在"导入到表"文本框中，输入"课程"，单击"完成"按钮。到此完成了使用导入方法创建表。

⑦ 用同样的方法，将"选课成绩"导入到"教学管理.accdb"数据库中。

实训 4　设置字段属性

要求：

① 将"学生"表的"性别"字段的"字段大小"重新设置为 1，默认值设为"男"，索引设置为"有(有重复)"。

② 将"入校日期"字段的"格式"设置为"短日期"，默认值设为当前系统日期。

③ 设置"年龄"字段，默认值设为 23，取值范围为 14~70，如超出范围则提示"请输入14~70 之间的数据！"。

④ 将"学生编号"字段显示"标题"设置为"学号"，定义学生编号的输入掩码属性，要求只能输入 10 位数字（字符）。

操作步骤：

① 打开"教学管理.accdb"，双击"学生"表，打开学生表"数据表视图"，选择"开始"选项卡→"视图"→"设计视图"，如图 2-22 所示。

② 选中"性别"字段行，在"字段大小"框中输入 1，在"默认值"属性框中输入"男"，在"索引"属性下拉列表框中选择"有(有重复)"。

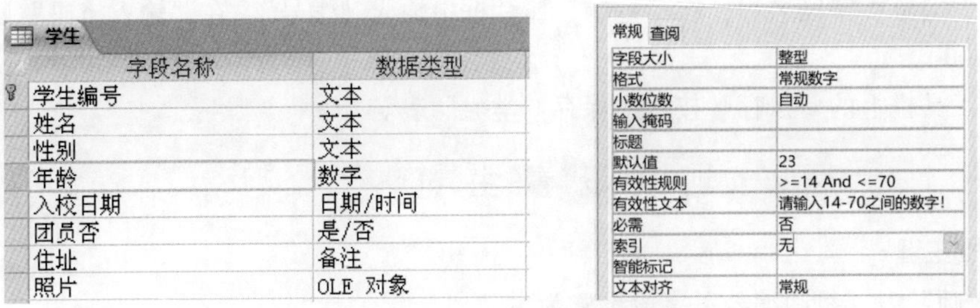

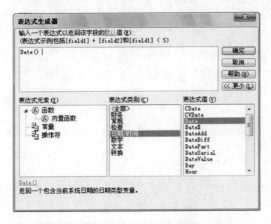

图 2-22 设置字段属性

③ 先选中"入校日期"字段行,在"格式"属性下拉列表框中,选择"短日期"格式,单击"默认值"属性框,再单击 ⋯ ,弹出"表达式生成器"对话框。按图 2-23 所示选择"函数"→"内置函数"。单击"确定",默认值框显示:默认值 =Date()。

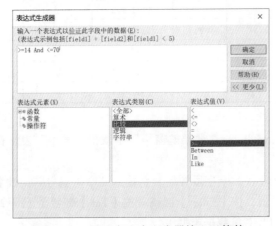

图 2-23 通过表达式生成器输入函数

④ 选中"年龄"字段行,在"默认值"属性框中输入 23,在"有效性规则"属性框中输入">=14 and <=70",在"有效性文本"属性框中输入文字"请输入 14~70 之间的数据!"单击"默认值"属性框,再单击 ⋯ 弹出"表达式生成器"对话框。选择"操作符",按图 2-24 所示操作。

图 2-24 通过表达式生成器输入运算符

⑤ 选中"学生编号"字段名称,在"标题"属性框中输入"学号",在"输入掩码"属性框中输入 0000000000。

⑥ 单击快速工具栏上的"保存"按钮,保存"学生"表。

实 训 5　设 置 主 键

1. 创建单字段主键

要求:将"教师"表"教师编号"字段设置为主键。

操作步骤:

① 使用"设计视图"打开"教师"表,选择"教师编号"字段名称。

② 在"表格工具/设计"→"工具"组中,单击主键 按钮。

2. 创建多字段主键

要求:将"教师"表的"教师编号"、"姓名"、"性别"和"工作时间"设置为主键。

操作步骤:

① 打开"教师"表的"设计视图",选中"教师编号"字段行,按住【Ctrl】键,再分别选中"姓名"、"性别"和"工作时间"字段行。

② 单击工具栏中的主键 按钮。

实 训 6　向表中输入数据

1. 使用"数据表视图"输入数据

要求:将表 2-8 中的数据输入到"学生"表中。

表 2-8　学生表内容

学生编号	姓名	性别	年龄	入校日期	团员否	住址	照片
2008041101	张佳	女	21	2008-9-3	否	江西南昌	
2008041102	陈诚	男	21	2008-9-2	是	北京海淀区	
2008041103	王佳	女	19	2008-9-3	是	江西九江	
2008041104	叶飞	男	18	2008-9-2	是	上海	
2008041105	任伟	男	22	2008-9-2	是	北京顺义	
2008041106	江贺	男	20	2008-9-3	否	福建漳州	
2008041107	严肃	男	19	2008-9-1	是	福建厦门	
2008041108	吴东	男	19	2008-9-1	是	福建福州	位图图像
2008041109	张佳	女	18	2008-9-1	否	广东顺德	位图图像

操作步骤:

① 打开"教学管理.accdb",在"导航窗格"中双击"学生"表,打开"学生"表"数据表视图"。

② 从第 1 个空记录的第 1 个字段开始分别输入"学生编号"、"姓名"和"性别"等字段的值,每输入完一个字段值,按【Enter】键或者按【Tab】键转至下一个字段。

③ 输入"照片"(OLE 对象数据类型):

　　方法一：将鼠标指针指向该记录的"照片"字段列，右击，打开快捷菜单，选择"插入对象"命令，打开对话框如图 2-25 所示。选择"由文件创建"选项，单击"确定"按钮，打开"浏览"对话框，在"查找范围"栏中找到存储图片的文件夹，并在列表中找到并选中所需的图片文件，单击"确定"按钮。

　　方法二：在 Windows 资源管理器中找到需要的图片文件，右击，在弹出的快捷菜单中选择"复制"命令，切换到 Access 窗口，鼠标指针指向该记录的"照片"字段列，右击，快捷菜单中选择"粘贴"。

　　方法三：将鼠标指针指向该记录的"照片"字段列，右击，打开快捷菜单，选择"插入对象"命令，选择"新建"选项中的"Bitmap Image"，如图 2-25 所示，单击"确定"按钮，会弹出画图窗口，选择功能区"剪贴板"/"粘贴"/"粘贴来源"命令，如图 2-26 所示，打开"粘贴来源"对话框，找到存储图片的文件夹，并在列表中找到并选中所需的图片文件，单击"打开"按钮，如图 2-27 所示。画图中会显示图片，单击"保存"按钮即可。

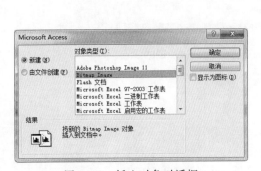

图 2-25　插入对象对话框

图 2-26　"画图"窗口

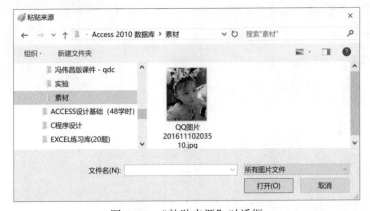

图 2-27　"粘贴来源"对话框

　　④ 输入完一条记录后，按【Enter】键或者按【Tab】键转至下一条记录，继续输入下一条记录。

　　⑤ 输入完全部记录后，单击快速访问工具栏上的"保存"按钮，保存表中的数据。

2. 获取外部数据

要求：

将文本文件"教师.txt"中的数据导入"教师"表中。

操作步骤：

① 打开"教学管理.accdb"，选择"外部数据"选项卡在"导入并链接"组中单击"文本文件"，如图 2-28 所示，打开"获取外部数据—文本文件"对话框，如图 2-29 所示。

② 在该对话框的"指定数据源"中找到导入文件，本例选"教师.txt"。如图 2-29 所示。

图 2-28 "外部数据"选项卡

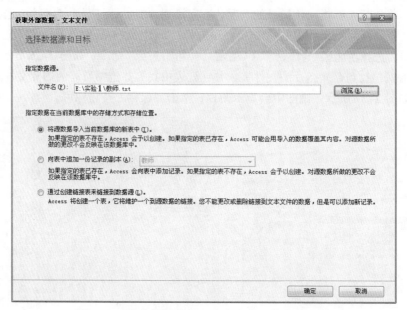

图 2-29 获取外部数据—文本文件—数据源选择

③ 单击"确定"按钮，打开"导入文本向导"的第 1 个对话框，如图 2-30 所示。

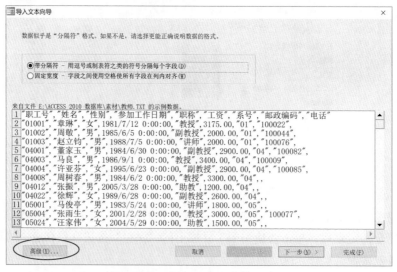

图 2-30 导入文本向导第一步

④ 单击"高级"按钮，打开"教师导入规格"对话框。单击"语言"标签对应的下拉列

表，选择"简体中文（GB2312）"选项，如图 2-31 所示，单击"确定"按钮。该对话框列出了所要导入表的内容，单击"下一步"按钮，打开"导入文本向导"的第 2 个对话框。

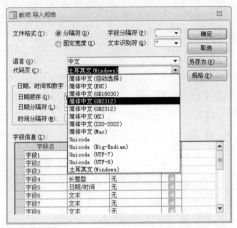

图 2-31　选择代码页显示的字体

⑤ 在该对话框中选中"第一行包含列标题"复选框，单击"下一步"按钮，打开"导入文本向导"的第 3 个对话框。

⑥ 单击"下一步"按钮，打开"导入文本向导"的第 4 个对话框。选择"我自己选择主键"单选按钮。

⑦ 单击"下一步"按钮，"导入到表"标签下的文本框中显示"教师"，单击"完成"按钮。若出现"是否覆盖教师表"的提示，选择"是"，完成向"教师"表中导入数据。

3. 创建查阅列表字段（使用自行键入所需的值）

要求：为"教师"表中"职称"字段创建查阅列表，列表中显示"助教"、"讲师"、"副教授"和"教授"4 个值。

操作步骤：

① 打开"教师"表"设计视图"，选择"职称"字段。

② 在"数据类型"列中选择"查阅向导"，打开"查阅向导"第 1 个对话框。

③ 在该对话框中，选中"自行键入所需的值"选项，然后单击"下一步"按钮，打开"查阅向导"第 2 个对话框。

④ 在"第 1 列"的每行中依次输入"助教"、"讲师"、"副教授"和"教授"4 个值，列表设置结果如图 2-32 所示。

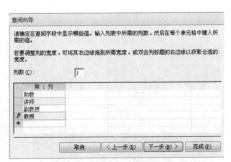

图 2-32　"查阅向导"对话框 1

⑤ 单击"下一步"按钮,弹出"查阅向导"最后一个对话框。在该对话框的"请为查阅列表指定标签"文本框中输入名称,本例使用默认值。单击"完成"按钮。

4. 创建查阅列表字段(使用查阅列表查阅表或查询中的值)

要求:为"选课成绩"表中"课程编号"字段创建查阅列表,即该字段组合框的下拉列表中仅出现"课程表"中已有的课程信息。

操作步骤:

① 用表设计视图打开"选课成绩表",选择"课程编号"字段,在"数据类型"列的下拉列表中选择"查阅字段向导",打开"查阅向导"对话框,选中"使用查阅字段获取其他表或查询中的值"单选按钮,如图 2-33 所示。

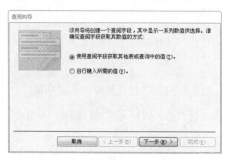

图 2-33 "查阅向导"对话框 2

② 单击"下一步"按钮,在打开的对话框中,选择"表:课程","视图"中选"表"单选按钮,如图 2-34 所示。

图 2-34 "查阅向导"对话框 3

③ 单击"下一步"按钮,双击"可用字段"列表中的"课程编号"和"课程名称",将其添加到"选定字段"列表框中,如图 2-35 所示。

图 2-35 "查阅向导"对话框 4

④ 单击"下一步"按钮，在打开的对话框中，确定列表使用的排序次序，如图 2-36 所示。

图 2-36 "查阅向导"对话框 5

⑤ 单击"下一步"按钮，在打开的对话框中，取消"隐藏键列"的选择，如图 2-37 所示。

图 2-37 "查阅向导"对话框 6

⑥ 单击"下一步"按钮，可用字段中选择"课程编号"作为唯一标识行的字段，如图 2-38 所示。

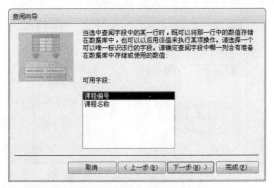

图 2-38 "查阅向导"对话框 7

⑦ 单击"下一步"按钮，为查阅字段指定标签。单击"完成"，如图 2-39 所示。

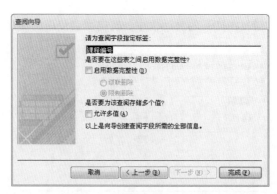

图 2-39　"查阅向导"对话框 8

⑧ 切换到"数据表视图",结果如图 2-40 所示。

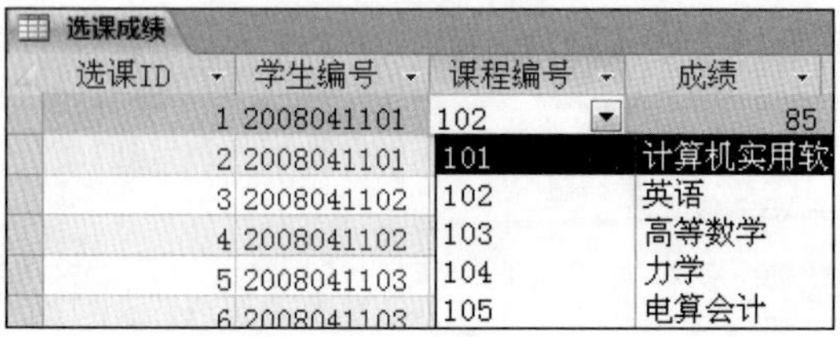

选课成绩			
选课ID ▾	学生编号 ▾	课程编号 ▾	成绩 ▾
1	2008041101	102 ▾	85
2	2008041101	101　计算机实用软	
3	2008041102	102　英语	
4	2008041102	103　高等数学	
5	2008041103	104　力学	
6	2008041103	105　电算会计	

图 2-40　数据表视图

实训 7　建立表之间的关联

要求:创建"教学管理.accdb"数据库中表之间的关联,并实施参照完整性。

操作步骤:

① 打开"教学管理.accdb"数据库,在"数据库工具/关系"组,单击功能栏上的"关系"按钮 ，打开"关系"窗口,同时打开"显示表"对话框。

② 在"显示表"对话框中,分别双击"学生"表、"课程"表、"选课成绩"表,将其添加到"关系"窗口中。(三个表的主键分别是"学生编号"、"选课 ID"和"课程编号"。)

③ 关闭"显示表"对话框。

④ 选定"课程"表中的"课程编号"字段,然后按下鼠标左键并拖动到"选课成绩"表中的"课程编号"字段上,松开鼠标。此时屏幕显示图 2-41 所示的"编辑关系"对话框。

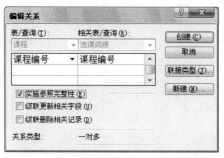

图 2-41　"编辑关系"对话框

⑤ 选中"实施参照完整性"复选框,单击"创建"按钮。

⑥ 用同样的方法将"学生"表中的"学生编号"字段拖到"选课成绩"表中的"学生编

号"字段上，并选中"实施参照完整性"，结果如图 2-42 所示。

图 2-42　表间关系

⑦ 单击"保存"按钮，保存表之间的关系，单击"关闭"按钮，关闭"关系"窗口。

实训 8　维　护　表

要求：

① 将"教师"表备份，备份表名称为"教师 1"。

② 将"教师 1"表中的"姓名"字段和"教师编号"字段显示位置互换。

③ 将"教师 1"表中"性别"字段列隐藏起来。

④ 在"教师 1"表中冻结"姓名"列。

⑤ 在"教师 1"表中设置"姓名"列的显示宽度为 20 磅。

⑥ 设置"教师 1"数据表格式，字体为楷体、五号、斜体、蓝色。

操作步骤：

① 打开"教学管理.accdb"数据库，在导航窗格中，选择"教师"表，选择"文件"选项卡，单击"对象另存为"菜单命令，打开"另存为"对话框，将表"教师"另存为"教师 1"，如图 2-43 所示。

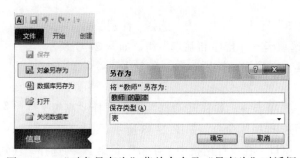

图 2-43　"对象另存为"菜单命令及"另存为"对话框

② 用"数据表视图"打开"教师 1"表，选中"姓名"字段列，按下鼠标左键拖动鼠标指针到"教师编号"字段前，释放鼠标左键。

③ 选中"性别"列，右击，弹出快捷菜单，选择"隐藏字段"菜单命令。

④ 选中"姓名"列，右击，弹出快捷菜单，选择"冻结字段"菜单命令。

⑤ 选中"姓名"列，右击，弹出快捷菜单，选择"字段宽度"菜单命令，将列宽设置为 20，单击"确定"按钮。快捷菜单如图 2-44 所示。

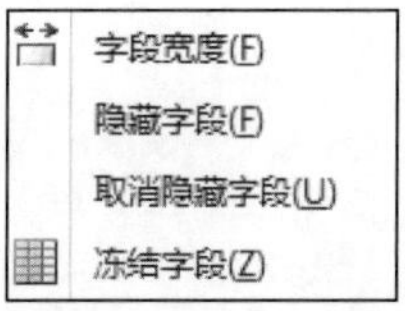

⑥ 单击"格式"→"字体"菜单命令，打开"字体"对话框，按要求进行设置。

图 2-44　快捷菜单

实训 9　查找、替换数据

要求：将"学生"表中"住址"字段值中的"江西"全部改为"江西省"。

操作步骤：

① 用"数据表视图"打开"学生"表，将光标定位到"住址"
字段任意一单元格中。

② 单击"开始"选项卡→"查找"组中的"替换"，如图 2-45
所示。打开"查找和替换"对话框，如图 2-46 所示。

③ 按图 2-46 所示设置各个选项，单击"全部替换"按钮。

图 2-45　单击"替换"

图 2-46　"查找和替换"对话框

实训 10　排　序　记　录

要求：

① 在"学生"表中，按"性别"和"年龄"两个字段升序排序。

② 在"学生"表中，先按"性别"升序排序，再按"入校日期"降序排序。

操作步骤：

① 用"数据表视图"打开"学生"表，选择"性别"和"年龄"
两列，选择"开始"选项卡→"排序和筛选"组，如图 2-47 所示，
单击"升序"按钮 ，完成按"性别"和"年龄"两个字段升序
排序。

② 选择"开始"选项卡→"排序和筛选"组，选择"高级"
下拉列表→ "高级筛选/排序"命令，如图 2-48 所示。

图 2-47　"排序和筛选"组

③ 打开"筛选"窗口，在设计网格中"字段"行第 1 列选择"性别"字段，排序方式选
"升序"，第 2 列选择"入校日期"字段，排序方式选"降序"，结果如图 2-48 所示。

④ 选择"开始"选项卡→"排序和筛选"组中的"切换筛选"，观察排序结果。

图 2-48　单击"高级"按钮展开的列表及高级窗口

实训 11　筛 选 记 录

1. 按选定内容筛选记录

要求：在"学生"表中筛选出来自"福建"的学生。

操作步骤：

① 用"数据表视图"打开"学生"表，选定"住址"为"福建"的任一单元格中的"福建"两个字。

② 指针定位到所要筛选内容"福建"的某个单元格且选中，在"开始"选项卡的"排序和筛选"组中，单击按钮 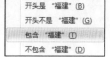，在弹出的下拉列表中，单击"包含'福建'"命令，完成筛选，如图 2-49 所示。

图 2-49　选择下拉菜单

2. 按窗体筛选

要求：将"教师"表中的在职男教师筛选出来。

操作步骤：

① 在"数据表视图"中打开"教师"表，在"开始"选项卡的"排序和筛选"组中，单击"高级"按钮，在打开的下拉列表中，单击"按窗体筛选"。

② 这时数据表视图转变为一个记录，指针停留在第一列的单元中，按【Tab】键，将指针移到"性别"字段列中。

③ 在"性别"字段中，单击下拉按钮，在打开的列表中选择"男"；然后把指针移到"在职否"字段中，打开下拉列表，选择"1"，如图 2-50 所示。

图 2-50　按窗体筛选操作

④ 在"排序和筛选"组中，单击 切换筛选完成筛选。

3. 使用筛选器筛选

要求：在"选课成绩"表中筛选 60 分以下的学生。

操作步骤：

① 用"数据表视图"打开"选课成绩"表，将指针定位于"成绩"字段列任一单元格内，然后右击，打开快捷菜单，选择"数字筛选器"→"小于…"命令。

② 在"自定义筛选"对话框中输入"60"，如图 2-51 所示，按【Enter】键，得到筛选结果。

图 2-51　筛选器

③ 将指针定位于"成绩"字段列任一单元格内,然后右击,打开快捷菜单,选择"数字筛选器"→"不等于..."命令。

④ 在"自定义筛选"对话框中输入"60",按【Enter】键,得到筛选结果,如图 2-52 所示。

选课成绩			
选课ID	学生编号	课程编号	成绩
3	2008041102	101	48
10	2008041106	103	55
15	2008041109	101	50

图 2-52　筛选结果

4. 使用高级筛选

在"教师表"中,筛选出九月参加工作的或者政治面貌为"党员"的教师。

操作步骤:

① 打开教学管理数据库,打开教师表。

② 在"开始"选项卡的"排序和筛选"组中,单击"高级"按钮,在打开的下拉列表中,单击"高级筛选"命令。

③ 这时打开一个设计窗口,其窗口分为两个窗格,上部窗格显示"教师"表,下部是设置筛选条件的窗格。现在已经把"出生日期"字段自动添加到下部窗格中。

④ 在第 1 列的条件单元格中输入"Month([工作时间]) =9",在第 2 列的或单元格中输入"党员"如图 2-53 所示。

⑤ 单击"排序和筛选"组中的"切换筛选"按钮,显示筛选的结果。

⑥ 如果经常进行同样的高级筛选,可以把结果保存下来。重新打开"高级"筛选列表,右击"教师表"窗格,在弹出的快捷菜单中选择"另存为查询"命令,如图 2-54 所示。在打开的命名对话框中,为高级筛选命名。在高级筛选中,还可以添加更多的字段列和设置更多的筛选条件。

高级筛选实际上是创建了一个查询,通过查询可以实现各种复杂条件的筛选。筛选和查询操作是近义的,可以说筛选是一种临时的手动操作,而查询则是一种预先定制操作,在 Access 中查询操作具有更普遍意义。

图 2-53　筛选视图

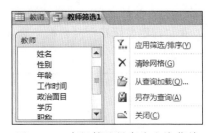

图 2-54　高级筛选另存为查询菜单

思考与练习

一、判断题

1. 一个表只能有一个主键。主键一旦确立，便不允许向表中输入与已有主键值相同的数据。 （　　）

2. 概念设计可以独立于数据管理系统。 （　　）

3. 数据库的物理设计的目标就是提高数据库的性能和有效利用存储空间。 （　　）

4. 在任意时刻，Access 能打开多个数据库。 （　　）

5. 打开 Access 数据库时，应打开扩展名为.DBF 的文件。 （　　）

6. 创建新的 Access 数据库后，默认的数据库名为 Database1.accdb。 （　　）

7. Access 在同一时间可打开 3 个数据库。 （　　）

8. Access 数据库依赖于 UNIX 操作系统。 （　　）

9. Access 中，表必须是一个满足关系模型的二维表。 （　　）

10. 表是数据库的基础，Access 不允许一个数据库包含多个表。 （　　）

11. 在设计表时，如果某一字段没有设置标题，则系统自动将字段名称当成字段标题。 （　　）

12. 在表的设计视图中可以对表中的数据进行排序。 （　　）

13. 在 Access 中，一个汉字和一个西文字符一样，都占一个字符位置。 （　　）

14. 在 Access 中，定义字段属性的默认值是指不得使字段为空。 （　　）

15. 用户不用给自动编号字段输入数据，但可以编辑自动编号字段的数据。 （　　）

16. 为了使平均分字段的显示精确到小数点后三位数字，可以将该字段定义为长整型。 （　　）

17. 是/否型字段数据常用来表示逻辑判断结果，也可以用于索引。 （　　）

18. 当数据表中货币型数据的小数部分超过 2 位时，Access 系统会根据输入的数据自动完成四舍五入。 （　　）

19. 当输入掩码属性设置为 ">L????" 时，输入数据 "Tommy" 显示为 "tommy"。 （　　）

20. 创建表时可以在表设计器中进行。 （　　）

21. Access 中，每个表都用表名来标识，该表名即为文件名。 （　　）

22. Access 中，对表操作时，是对表的结构和表的内容分别进行操作的。 （　　）

23. Access 中，对备注型字段没有数据长度的限制,它仅受限于存储空间的大小。 （　　）

24. 字段的有效规则是指将表中存储的数据进行显示时所设置的字段值所要遵循的约束条件。 （　　）

二、选择题

1. Access 数据库的核心与基础是（　　　）。

   A. 表　　　　　　B. 宏　　　　　　C. 窗体　　　　　D. 模块

2. Access 数据库中（　　　）对象是其他数据库对象的基础。

    A. 报表   B. 表   C. 窗体   D. 模块

3. Access 中表和数据库的关系是（   ）。

    A. 一个数据库可以包含多个表   B. 一个表只能包含两个数据库

    C. 一个表可以包含多个数据库   D. 一个数据库只能包含一个表

4. 不是 Access 数据库对象的是（   ）。

    A. 表   B. 查询   C. 视图   D. 模块

5. 关于 Access 的叙述中，不正确的是（   ）。

    A. 数据的类型决定了数据的存储和使用方式

    B. 一个表的大小，主要取决于它所拥有的数据记录的多少

    C. 对表操作时，是对字段与记录分别进行操作的

    D. 通常空表是指不包含表结构的数据表

6. 关于表的说法正确的是（   ）。

    A. 在表中可以直接显示图形记录

    B. 在表中的数据中不可以建立超链接

    C. 表是数据库

    D. 表是记录的集合，每条记录又可划分成多个字段

7. 若不想修改数据库文件中的数据库对象，打开数据库文件时要选择（   ）。

    A. 以只读方式打开   B. 以独占方式打开

    C. 以独占只读方式打开   D. 打开

8. 应用数据库的主要目的是为了（   ）。

    A. 解决保密问题   B. 解决数据完整性问题

    C. 共享数据问题   D. 解决数据量大的问题

9. 在 Access 中，不能导出到 Microsoft Excel 的数据库对象是（   ）。

    A. 宏   B. 窗体   C. 查询   D. 报表

10. 在 Access 中，空数据库是指（   ）。

    A. 没有基本表的数据库   B. 没有窗体、报表的数据库

    C. 没有任何数据库对象的数据库   D. 数据库中数据是空的

11. TRUE/FALSE 数据类型为（   ）。

    A. "文本"类型   B. "是/否"类型   C. "备注"类型   D. "数字"类型

12. Access 数据库设计视图窗口不包括（   ）。

    A. 命令按钮组   B. 对象类别按钮组 C. 对象成员集合   D. 关系编辑窗口

13. Access 提供的种数据类型，其中用来存储多媒体对象的数据类型是（   ）。

    A. 文本型   B. 查阅向导   C. OLE 对象型   D. 备注

14. Access 提供的，用来保存长度较长的文本及数字，多用于输入注释或说明的数据类型是（   ）。

    A. 数字   B. 货币   C. 文本   D. 备注

15. OLE 对象数据类型的字段存放二进制数据的方式是（   ）。

    A. 链接   B. 嵌入   C. 链接或嵌入   D. 不能存放二进制数据

16. 关于货币数据类型，叙述错误的是（   ）。

A. 向货币字段输入数据时，系统自动将其设置为 4 位小数

B. 可以和数值型数据混合计算，结果为货币型

C. 字段长度是 8 字节

D. 向货币字段输入数据时，不必输入美元符号和千位分隔符

17. 关于主关键字，描述正确的是（　　　）。

A. 同一个数据表中可以设置一个主关键字，也可以设置多个主关键字

B. 主关键字不可以是多个字段的组合

C. 主关键字的内容具有唯一性，而且不能为空值

D. 排序只能依据主关键字字段

18. 货币数据类型等价于具有（　　　）属性的数字数据类型。

A. 整型　　　　　　　B. 长整型　　　　　　　C. 单精度　　　　　　　D. 双精度

19. 假设一表中的字段由左至右依次是 A,B,C,D,E,F。操作如下：先同时选中 B 和 C 字段列，然后冻结，接着再选中字段列 E 冻结。则冻结后表中的字段顺序由左至右依次是（　　　）。

A. ABCDEF　　　　　B. ABDEFC　　　　　C. CABDEF　　　　　D. ABDEF

20. 如果想控制电话号码、邮政编码或日期数据的输入，应使用（　　　）数据类型。

A. 默认值　　　　　　B. 输入掩码　　　　　C. 字段大小　　　　　D. 标题

21. 数据库的并发控制、完整性检查、安全性检查等是对数据库的（　　　）。

A. 设计　　　　　　　B. 应用　　　　　　　C. 操纵　　　　　　　D. 保护

22. 为了合理的组织数据，应遵循的设计原则是（　　　）。

A. "一事一地"的原则，即一个表描述一个实体或实体间的一种联系

B. 表中的字段必须是原始数据和基本数据元素，并避免在表中出现重复字段

C. 用外部关键字保证有关联的表之间的关系

D. 以上所有选项

23. 下列不属于 Access 表数据类型的是（　　　）。

A. 备注型　　　　　　B. 超链接型　　　　　C. 自动编号型　　　　　D. 控件型

24. 下列关于确定 Access 表中字段的说法中，叙述错误的是（　　　）。

A. 每个字段所包含的内容应该与表的主题相关

B. 不要物理设置推导或计算的字段

C. 要以最小逻辑部分作为字段来保存

D. 字段名应符合数据库命名规则

25. 在 Access 表中，（　　　）不可以定义为主键。

A. 自动编号　　　　　B. 单字段　　　　　　C. 多字段　　　　　　D. OLE 对象

26. 在 Access 的数据类型中，不能建立索引的数据类型是（　　　）。

A. 文本型　　　　　　B. 备注型　　　　　　C. 数字型　　　　　　D. 货币型

27. 在 Access 数据库的表设计视图中，不能进行的操作是（　　　）。

A. 修改字段类型　　B. 设置索引　　　　　C. 增加字段　　　　　D. 删除记录

28. 在 Microsoft Access 中可以定义 3 种类型的主关键字，下列不是正确的是（　　　）。

A. 自动编号　　　　　B. 单字段　　　　　　C. 索引字段　　　　　D. 多字段

29. 在分析建立数据库的目的时应该（　　　）。

A. 将用户需求放在首位   B. 确定数据库结构与组成

C. 确定数据库界面形式   D. 以上所有选项

30. 在设计 Access 数据库中的表之前，应先将数据进行分类，分类原则是（   ）。

A. 每个表应只包含一个主题的信息   B. 表中不应该包含重复信息

C. 信息不应该在表之间复制   D. 以上所有选项

31. 在数字数据类型中，双精度数字类型的小数位数为（   ）位。

A. 7   B. 11   C. 13   D. 15

32. 有关创建数据库的方法叙述不正确的是（   ）。

A. 打开"文件"菜单，选择"新建"命令，再选择"空数据库"命令

B. 打开"视图"菜单，选择"数据库对象"命令

C. 直接创建空数据库

D. 利用向导创建数据库

33. 下面对数据表的叙述有错误的是（   ）。

A. 数据表是 Access 数据库中的重要对象之一

B. 表的设计视图的主要工作是设计表的结构

C. 表的数据视图只用于显示数据

D. 可以将其他数据库的表导入到当前数据库中

34. 在 Access 中，用来表示实体的是（   ）。

A. 域   B. 字段   C. 记录   D. 表

三、简答题

1. Access 2010 数据库中，"表"对象的作用是什么？

2. 如何在表"设计视图"中建立表的结构？哪些类型字段的大小由系统自动设定？

3. 什么是主键？为什么要设置主键？如何设置主键？

4. 为什么要建立索引？哪些类型的字段不能建立索引？

5. 为什么要建立表间关系？表关系有哪几种类型？

6. 如何建立"多对多"的表关系？

第 ③ 章

查　询

3.1　查询的基本概念

查询是 Access 数据库的 7 种对象之一，它能够把一个或多个表中的数据抽取出来，供用户查看、更改和分析，还可以作为窗体、报表或数据访问页的记录源。利用查询可以提高处理数据的效率。

1. 查询的功能

- 以一个、多个表或查询为数据源，根据用户的选择生成动态的数据集。
- 对数据进行统计、排序、计算和汇总。
- 设置查询参数，形成交互式的查询。
- 使用交叉表查询，进行分组汇总。
- 使用操作查询，对数据表进行追加、更新、删除等操作。
- 查询作为其他查询、窗体、报表或数据访问页的记录源。

2. 查询的类型

- 选择查询。
- 交叉表查询。
- 参数查询。
- 操作查询（包括删除查询、更新查询、追加查询和生成表查询）。
- SQL 查询。

3. 查询视图

在 Access 2010 中，查询有 5 种视图，分别为数据表视图、数据透视表视图、数据透视图视图、SQL 视图和设计视图。打开一个查询以后，单击"开始"选项卡，再在"视图"组中单击下拉按钮，在其下拉菜单中可以看到图 3-1 所示的查询视图命令。选择不同的菜单命令，可以在不同的查询视图间相互切换。

（1）设计视图

设计视图就是查询设计器，通过该视图可以创建除 SQL 之外的各种类型查询。

图 3-1　查询视图

（2）数据表视图

数据表视图是查询的数据浏览器，用于查看查询运行结果。

（3）SQL 视图

SQL 视图是查看和编辑 SQL 语句的窗口，通过该窗口可以查看用查询设计器创建的查询所产生的 SQL 语句，也可以对 SQL 语句进行编辑和修改。

（4）数据透视表视图和数据透视图

在数据透视表视图和数据透视图中，可以根据需要生成数据透视表和数据透视图，从而对数据进行分析，得到直观的分析结果。

4. 查询准则

准则是指在查询中用来限制检索记录的条件表达式，它是算术运算符、比较运算符、逻辑运算符、字符运算符、常量、字段值和函数等的组合。

（1）常量

- 数值型常量：直接输入数值，如 78，34.56。
- 字符型常量：直接输入文本或者以英文双引号括起来，如：法学、"法学"。
- 日期型常量：直接输入或者用符号#括起来，如 2009-11-12、#2009-11-12#。
- 是/否型常量：Yes、No、True、False。

（2）表达式

表达式是用运算符将常量、变量、字段值和函数连接起来的式子。

可以利用表达式在查询中设置条件或定义计算字段。

根据运算符的不同，Access 系统提供了 4 种基本运算表达式：算术运算、字符运算、关系运算和逻辑运算。

① 算术运算的说明如表 3-1 所示。在进行算术运算时，要遵循以下优先顺序：先括号，在同一括号内，先乘方（^），再乘除（*、/），再整除取余（\、mod），后加减（+、-）。

表 3-1　算术运算

运　算　符	功　能	举　例	结　果
+	两个数值表达式相加	12.5+6 [成绩]+5	18.5 成绩字段的值加上 5
-	两个数值表达式相减	56-33	23
*	两个数值表达式相乘	12*3 [工资]*12	36 工资字段的值乘以 12
/	两个数值表达式相除	7/3	2.3333333
\	整除	7\3	2
^	乘方	3^2	9
mod	取余数（模运算）	7 mod 3	1

② 字符运算的说明如表 3-2 所示。

表 3-2　字符运算

运算符	功　能	举　例	结　果
+	仅用于两个字符表达式的连接	"abc" + "def" "计算机" + "文化"	"abcdef" "计算机文化"

续表

运算符	功　能	举　例	结　果
&	可用于两个字符表达式的连接，也可连接不同类型的表达式	"abc" & "def" "计算机" & "文化" "张洋" &26	"abcdef" "计算机文化" "张洋 26"

③ 关系运算。关系运算符由>、>=、<、<=、=和<>符号构成，主要用于数据之间的比较，其运算结果为逻辑值，即 True 或 False。6 个关系运算符的优先级是相同的。关系运算的说明如表 3-3 所示。

表 3-3　关系运算

运算符	功　能	举　例	结　果
>	大于	3+5>6 "abc" > "def"	True False
<	小于	2<7 "a" < "ab"	True True
>=	大于等于	3>=2	True
<=	小于等于	12.56<=7.6	False
=	等于	"abcd" = "abcd"	True
<>	不等于	"abcd" <> "abcd"	False

④ 逻辑运算。逻辑运算符由 Not、And 和 Or 构成，主要用于多个条件的判定，其运算结果是逻辑值 True 或 False。逻辑运算符的优先级顺序为：Not、And、Or。逻辑运算的说明如表 3-4 所示。

表 3-4　逻辑运算

运算符	功　能	举　例	结　果
Not	非	Not 3>6 Not 3+5>6	True False
And	与	2<7 And 3>2 2<7 And 3>5	True False
Or	或	3>=2 Or 5<4	True

以上各类表达式的运算规则是：在同一个表达式中，如果只有一种类型的运算，则按各自的优先级进行计算；如果有两种或两种以上类型的运算，则按照函数、算术运算、字符运算、关系运算和逻辑运算的顺序进行计算。

⑤ 特殊运算符。特殊运算符的说明如表 3-5 所示。

表 3-5　特殊运算符

特殊运算符	说　明
In	用于指定一个字段值的列表，列表中的任意一个值都可与查询的字段相匹配
Between	用于指定一个字段值的范围，指定的范围之间用 And 连接
Like	用于指定查找文本字段的字符模式。在所定义的字符模式中，用 "?" 表示该位置可匹配任何一个字符；用 "*" 表示该位置可匹配零或多个字符；用 "#" 表示该位置可匹配一个数字；用方括号描述一个范围，用于表示可匹配的字符范围
Is Null	用于指定一个字段为空
Is Not Null	用于指定一个字段为非空

⑥ 常用函数（见表 3-6）。

表 3-6　常用函数

函　数	说　明
Abs(数值表达式)	返回数值表达式值的绝对值
Int(数值表达式)	返回数值表达式值的整数部分
Sqr (数值表达式)	返回数值表达式值的平方根
Sgn(数值表达式)	返回数值表达式值的符号值
Space(数值表达式)	返回由数值表达式的值确定的空格个数组成的空字符串
String(数值表达式，字符表达式)	返回一个由字符表达式的第 1 个字符重复组成的指定长度为数值表达式值的字符串 如 String$(6, "a")="aaaaaa"　　String$(5, "abcde")="aaaaa"
Left(字 符 表 达 式，数值表达式)	返回一个值，该值是从字符表达式左侧第 1 个字符开始，截取的若干个字符 如 Left("abcdefg",4)= "abcd"　　Left("abcdefg",0)= ""
Right(字符表达式，数值表达式)	返回一个值，该值是从字符表达式右侧第 1 个字符开始，截取的若干个字符 如 Right $("abcdefg",4)= "defg"　　Right $("abcdefg",0)= ""
Len(字符表达式)	返回字符表达式的字符个数，当字符表达式为 Null 时，返回 Null 值，如 Len("ABCDEFGHIJK")=11
Ltrim(字符表达式)	返回去掉字符表达式前导空格的字符串 如 Ltrim$("　　abcdefg")= "abcdefg"
Rtrim(字符表达式)	返回去掉字符表达式尾部空格的字符串 如 Rtrim$("abcdefg　　")= "abcdefg"
Trim(字符表达式)	返回去掉字符表达式前导和尾部空格的字符串 如 Trim$("　　abcdefg　　")= "abcdefg"
Mid(字 符 表 达 式，数值表达式 1[，数值表达式 2])	返回一个值，该值是从字符表达式最左端某个字符开始，截取到某个字符为止的若干个字符 如 Mid ("abcdefg",2,3)= "bcd"　　Mid ("abcdefg",2)= "bcdefg"
Day(date)	返回给定日期 1 ~ 31 的值。表示给定日期是一个月中的哪一天
Month(date)	返回给定日期 1 ~ 12 的值。表示给定日期是一年中的哪个月
Year(date)	返回给定日期 100 ~ 9999 的值。表示给定日期是哪一年
Weekday(date)	返回给定日期 1 ~ 7 的值。表示给定日期是一周中的哪一天
Hour(date)	返回给定小时 0 ~ 23 的值。表示给定时间是一天中的哪个钟点
Date()	返回当前系统日期
Sum (字符表达式)	返回字符表达式中值的总和。字符表达式可以是一个字段名，也可以是一个含字段名的表达式，但所含字段应该是数字数据类型的字段
Avg(字符表达式)	返回字符表达式中值的平均值。字符表达式可以是一个字段名，也可以是一个含字段名的表达式，但所含字段应该是数字数据类型的字段
Count(字符表达式)	返回字符表达式中值的个数，即统计记录个数。字符表达式可以是一个字段名，也可以是一个含字段名的表达式，但所含字段应该是数字数据类型的字段
Max(字符表达式)	返回字符表达式中值中的最大值。字符表达式可以是一个字段名，也可以是一个含字段名的表达式，但所含字段应该是数字数据类型的字段
Min(字符表达式)	返回字符表达式中值中的最小值。字符表达式可以是一个字段名，也可以是一个含字段名的表达式，但所含字段应该是数字数据类型的字段

⑦ 条件示例（见表 3-7）。

表 3-7　条件示例

字　段　名	条　　件	功　　能
籍贯	"湖南" Or "湖北"	查询"湖南"或"湖北"学生的记录
	in("湖南","湖北")	
姓名	like "刘*"	查询姓"刘"学生的记录
	left([姓名],1)="刘"	
	like "?玉芳"	查询名字后两个字是"玉芳"的记录
	is Not NULL	查询姓名不是空值的记录
出生日期	YEAR(DATE())–YEAR([出生日期])<=20	查询 20 岁以下学生的记录
	YEAR([出生日期])=1992	查询 1992 年出生的学生的记录
	between #1992-1-1# And #1992-12-31#	
时间	Year([工作时间])=1999 and Month([工作时间])=6	查询 1999 年 6 月参加工作的记录
	<Date()-30	查询 30 天前参加工作的记录
有否奖学金	not [有否奖学金]	查询没有获得奖学金学生的记录
成绩	>=560 And <=650	查询入学成绩在[560，650]之间的记录
	between 560 And 650	
备注	like "*游泳*"	查询备注中含有"游泳"爱好的记录

3.2　使用向导创建查询

1. 简单查询向导
简单查询向导将创建一个查询，在单个表或查询中查找满足条件的某些字段值的记录。

2. 交叉表查询向导
以表中指定一个字段（也可以多个）的内容为行标题，一个字段的内容为列标题，另一个字段内容经过汇总、统计等计算后作为行与列交叉处的值，这样的查询叫作交叉表查询。交叉表查询向导用于创建交叉表查询，它的显示数据来源于某个字段的值或统计值。

3. 查找重复项查询向导
查找重复项查询向导将创建一个查询，在单个表或查询中查找具有重复字段值的记录。

4. 查找不匹配项查询向导
查找不匹配项查询向导将创建一个查询，在两个表或查询中查找不匹配的记录。

3.3　使用"设计视图"创建查询

查询设计器窗口由两部分组成，如图 3-2 所示。上半部分是数据源窗口，用于显示查询所涉及的数据源，可以是数据表或查询，下半部分是查询定义窗口，用于添加和选择查询需要的字段和表达式，主要包括以下内容：

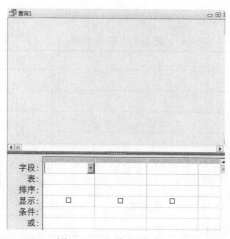

图 3-2　查询设计窗口

- 字段：查询结果中所显示的字段。
- 表：查询的数据源，即查询结果中字段的来源。
- 排序：查询结果中相应字段的排序方式。
- 显示：当相应字段的复选框被选中时，则在结构中显示，否则不显示。
- 条件：即查询条件，同一行的多个条件之间是"与"的关系。
- 或：查询条件，表示多个条件之间的"或"的关系。

3.4　选 择 查 询

1. 不带条件的选择查询

【例 3-1】创建一个名为"教师授课信息"的查询，查询每位教师所授课程的课程名，显示"职工号"、"姓名"和"课程名称"。

分析：教师表和课程表表之间没有直接的联系，需要借助第 3 张表授课表将两者联系起来，如图 3-3 所示。

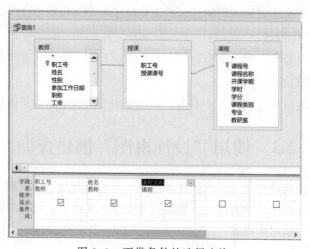

图 3-3　不带条件的选择查询

2. 带条件的选择查询

【**例 3-2**】创建一个名为 "1989 年参加工作的男教师" 的查询,显示 "教师编号"、"姓名"、"性别" 和 "工作时间"。

提示:

① 设计查询时使用的所有标点符号均应为英文状态下的标点符号。

② 工作时间是表中的字段名,设置条件时一定要在其两侧加 [ ],否则 Access 将其视为字符串。查询设置如图 3-4 所示。

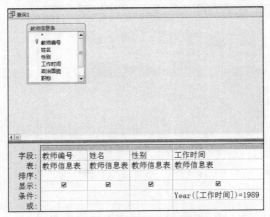

图 3-4 带条件的选择查询

【**例 3-3**】查找 "电气" 班名字为 2 个字且姓 "陈" 的学生的信息,显示 "学号"、"姓名"、"性别" 和 "班级",将查询保存为 "陈某学生信息"。

分析:需要在查询设计视图的 "姓名" 和 "班级" 的 "条件" 行中分别使用通配符才能得到满足条件的查询。查询设置如图 3-5 所示。

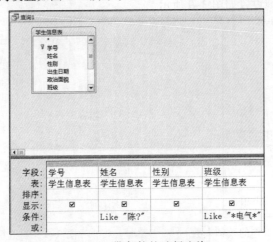

图 3-5 带条件的选择查询

3. 在查询中使用计算

在设计选择查询时,除了进行条件设置外,还可以进行计算和分类汇总,如计算学生的年龄、计算教师的工龄、统计教师的工资、按性别统计学生数、按系别统计教师的任务工作量等,这需要在查询设计时使用表达式及查询统计功能。

当需要统计的数据在表中没有相应的字段，或者用于计算的数据值来源于多个字段时，应在查询中使用计算字段。计算字段是指根据一个或多个字段使用表达式建立的新字段。在查询设计视图的查询定义窗口的"字段"行中直接输入计算表达式即可创建计算字段。

【例3-4】创建一个名为"每门课程成绩统计"的查询，统计每门课程的最高分、最低分、总分和平均分。查询设置如图3-6所示。

提示：在"查询工具"选项卡中选择"汇总"，然后在对应字段中选择相应选项，如图3-7所示。

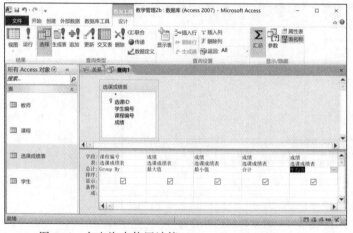

图3-6　在查询中使用计算

图3-7　汇总选项

【例3-5】创建一个名为"1989年参加工作的教师人数"的查询，统计1989年参加工作的教师人数。查询设置如图3-8所示。

【例3-6】创建一个名为"学生年龄信息"的查询，显示"学生信息表"的"学号"、"姓名"、"性别"和"年龄"。查询设置如图3-9所示。

图3-8　统计1989年参加工作的教师人数

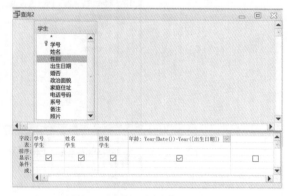

图3-9　学生年龄信息的查询

3.5　交叉表查询

交叉表查询用于对数据汇总和其他计算，并对这些数据进行分组，一组在数据表的左侧作为行标题，另一组在数据表的上部作为列标题，在行和列交叉处显示某个字段的各种计算值，使数据的显示更加直观、易读。例如，查询学生的单科成绩，是以学生姓名作为行标题，而课程名称作为列标题，在行和列的交叉点单元格处显示成绩数据。除此之外，还可以查询教师的授课情况等。

说明：

① 创建交叉表查询，必须指定一个或多个"行标题"选项，一个"列标题"选项和一个"值"选项。

② 在交叉表查询设计时，如果在"交叉表"行中，设置某个字段的选项为"值"，则在"总计"行中可以有多种选择，每个选项都与系统函数相对应。如果获取的数据是单一数据，则可以选择"第一条记录"（First）或"最后一条记录"（Last）。

③ 交叉表查询向导只能基于单个表创建查询。

【例 3-7】创建一个交叉表查询，统计每个班的男女生人数（见图 3-10）。

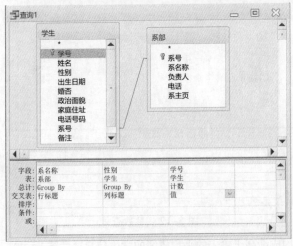

图 3-10　交叉表查询

提示：交叉表中的"行标题"可以有一个或多个，"列标题"和"值"只能有一个。

【例 3-8】创建一个交叉表查询，统计每班的男女生人数并计算每个班的总人数（见图 3-11）。

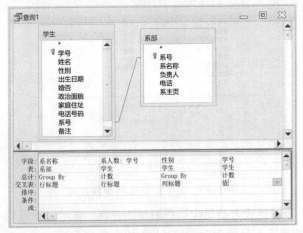

图 3-11　多行标题交叉表查询

3.6 参 数 查 询

参数查询是一种动态查询，可以在每次运行查询时输入不同的条件值，系统根据给定的参数值确定查询结果，而参数值在创建查询时不需定义。

这种查询完全由用户控制，能在一定程度上适应应用的变化需要，提高查询效率。

参数查询一般创建在选择查询基础上，在运行查询时会出现一个或多个对话框，要求输入查询条件。

根据查询中参数个数的不同，参数查询可以分为单参数查询和多参数查询。

【例 3-9】创建一个名为"某月出生的学生成绩"的查询，显示某学生所选课程的成绩。显示"学号"、"姓名"、"出生月份"、"课程号"、"课程名称"和"成绩"。查询设置如图 3-12 所示。

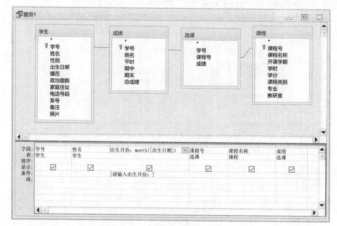

图 3-12　参数查询

【例 3-10】查询平均成绩高于输入的平均成绩的学生信息。显示"学号"、"姓名"、"平均成绩"，将查询结果保存为"高于平均成绩参数查询"。查询设置如图 3-13 所示。

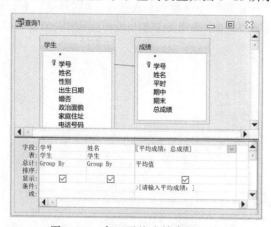

图 3-13　高于平均成绩参数查询

【例 3-11】创建一个按姓氏查找学生信息的参数查询。显示"学号"、"姓名"和"性别"，将查询结果保存为"按姓氏查找学生"。查询设置如图 3-14 所示。

图 3-14 按姓氏查找学生信息的参数查询

【例 3-12】查询某班某门课的平均成绩。显示"系号"、"课程号"、"课程名称"和"平均成绩",将查询结果保存为"某班某门课平均成绩"。查询设置如图 3-15 所示。

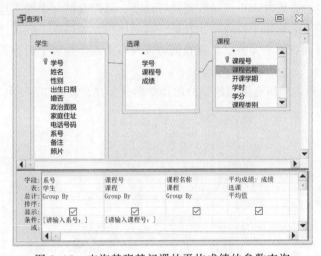

图 3-15 查询某班某门课的平均成绩的参数查询

3.7 操 作 查 询

操作查询是在选择查询的基础上创建的,通过操作查询可以对原有数据源中的数据进行更新、追加、删除等操作,还可以在选择查询的基础上创建新的数据表。

操作查询包括生成表查询、更新查询、删除查询、追加查询。

1. 生成表查询

生成表查询就是利用一个或多个表中的全部或部分数据创建新表。利用生成表查询创建新表时,新表中的字段从生成表查询的源表中继承字段名称、数据类型以及字段大小属性,但不继承其他的字段属性以及表的主键。

【例 3-13】将成绩在 90 分以上的学生信息存储到一个新表中,新表的名称为"90 分以上"。将查询保存为"90 分以上查询"。查询设置如图 3-16 所示。

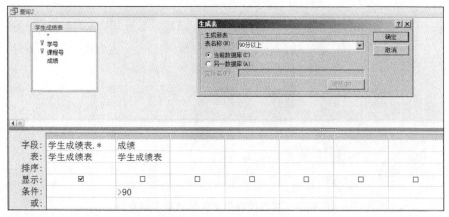

图 3-16　生成表查询

2. 更新查询

在数据库操作中，如果对表中少量数据进行修改，可以直接在表操作环境下，通过手工进行修改。然而，利用手工编辑手段效率比较低，容易出错。如果需要成批修改数据，可以使用Access 提供的更新查询功能来实现。更新查询可以对一个或多个表中符合查询条件的数据进行批量的修改。

【例 3-14】将课程表中所有课程的学分增加 2 学分。查询设置如图 3-17 所示。

图 3-17　更新查询

提示：“更新到”栏中的表达式中引用的字段名必须放在一对方括号中，否则 Access 查询会将其理解成是一个字符串常量。

3. 删除查询

如果需要一次删除一批数据，使用删除查询比在表中删除记录的方法更加方便。删除查询可以从一个表中删除记录，也可以从多个相互关联的表中删除记录。使用删除查询，将删除整条记录。而非只删除记录中的字段值。记录一经删除将不能恢复，因此在删除记录前要做好数据备份。删除查询设计完成后，需要运行查询才能将需要删除的记录删除。

提示：若要从多个表中删除相关记录，必须已经建立了相关表之间的关系，并在“编辑关系”对话框中分别选择“实施参照完整性”和“级联删除相关记录”复选框。

【例 3-15】将“学生成绩表”中成绩低于 60 分的记录删除。查询设置如图 3-18 所示。

图 3-18　删除查询

4. 追加查询

追加查询可以从一个或多个表中将一组数据追加到一个或多个表的尾部，可以大大提高数据输入的效率。

【例 3-16】创建一个追加查询，将成绩在 80~90 分之间的学生成绩添加到已创建的"90 分以上"表中。查询设置如图 3-19 所示。

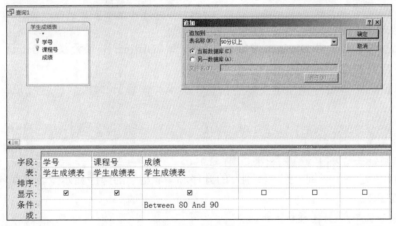

图 3-19　追加查询

提示：使用追加查询时，在追加查询与被追加记录的表中，只有匹配的字段才能被追加。一般追加查询的源表与目标表的结构应该相同。

3.8　SQL　查　询

1. SQL 概述

SQL（Structure Query Language，结构化查询语言）。SQL 是在数据库系统中应用广泛的数据库查询语言，它包含了数据定义、查询、操纵和控制 4 种功能。SQL 语言的功能强大，使用方便灵活，语言简单易学。

常用的 SQL 查询语句包括 Select、Insert、Update、Delete、Create、Drop 等。其中最常使用的是 Select 语句，它是 SQL 语言的核心语句，Select 语句的基本结构是 Select…From…Where。

2. Select 语句格式和 SQL 视图

Select 语句的语法格式如下：

```
Select [ALL | DISTINCT] <字段列表>|<目标表达式>|<函数> [As 别名]
From 表名
[Where 条件…]
[Group By 字段名]
[Having 分组的条件]
[Order By 字段名  [Asc|Desc]];
```

进入 SQL 视图方法：

① 在数据库窗口中，单击"查询"对象。

② 双击"在设计视图中创建查询"选项，关闭弹出的"显示表"对话框。

③ 单击工具栏中 SQL 视图按钮，在弹出的编辑框中输入 SQL 语句。

此外，用户还可以通过打开某个已经创建的查询的设计视图，单击视图按钮右边的下拉按钮，在下拉列表中选择"SQL 视图"选项，在"SQL 视图"中编辑、查看 SQL 语句或对 SQL 语句进行简单的修改。

3. Select 语句示例

【例 3-17】显示"学生信息表"中的所有"班级名称"。

```
Select Distinct 班级
From 学生信息表
```

提示：此查询需要使用 Distinct 消除重复的记录。Distinct 必须紧挨着 Select，放在 Select 后面的目标字段的前面。

【例 3-18】查询 1990 年出生的女学生信息，显示"学号"、"姓名"、"性别"、"出生日期"和"班级"。

```
Select 学号, 姓名, 性别, 出生日期, 班级
From 学生信息表
Where 性别="女" And Year(出生日期)=1990;
```

【例 3-19】创建一个查询，按"性别"的升序和"职称"的降序显示"教师编号"、"姓名"、"性别"和"职称"。

```
Select 教师编号,姓名, 性别, 职称
From 教师信息表
Order By 性别, 职称 Desc;
```

提示：Order By 子句必须是 SQL-Select 命令中的最后一个子句。

【例 3-20】显示学生的学号、姓名、班级和年龄。

```
Select 学号,姓名,班级,Year(Date())-Year(出生日期) As 年龄
From 学生信息表
```

【例 3-21】查询课程号为 101 的成绩、从高到低排序的前 3 名学生的"学号"、"课程号"和"成绩"。

分析：Top 谓词用于输出排列在前面的若干条记录。要查找前 3 名学生的学生成绩需要按成绩的降序排列，排序后使用 Top 3 显示前 3 名学生。

```
Select Top 3 学号,课程号 ,成绩
From 学生成绩表
Where 课程号="101"
Order By 成绩 Desc
```

【例 3-22】查找选修 101 或 301 课程的学生的"学号"、"课程号"和"成绩"。

分析：此查询需要使用特殊运算符 In，检查一个属性值是否属于一组值。

```
Select 学号,课程号,成绩
From 学生成绩表
Where 课程号 In("101","301");
```

提示："课程号 In("101","301")"指课程号等于"101"或者"301"。

【例 3-23】查找学号的前 4 位为"0975"的学生的基本情况。

```
Select *
From 学生信息表
Where 学号 Like "0975*"
```

提示：还可以将 Where 子句改写为：Where Left(学号,4)="0975"。

【例 3-24】统计各门课程的平均分、最高分和最低分。

分析：根据题意需要按课程号对记录分组，相同课程放在一组，在同一组中使用聚合函数进行计算。

```
Select 课程号,Avg(成绩) As 平均分,Max(成绩) As 最高分,Min(成绩) As 最低分
From  学生成绩表
Group By 课程号;
```

【例 3-25】统计各班的男同学的人数。

```
Select 班级 ,Count(班级) As 男同学人数
From 学生信息表
Where 性别="男"
Group By 班级
```

【例 3-26】设计一个查询，显示最低分大于等于 90，且最高分小于等于 100 的学生学号。

分析：此题需要按学生的学号进行分组，但不是所有的学号都参加分组，只有当同一学号中的成绩在 90~100，才符合分组的条件，因此在查询中需要使用 Having 子句对分组后的结果作进一步的约束。

```
Select 学号
From 学生成绩表
Group By 学号
Having Min(成绩) >=90 And Max(成绩) <=100
```

【例 3-27】显示学生的学号、姓名、课程号和成绩。

```
Select 学生信息表.学号,姓名,课程号,成绩
From 学生信息表,学生成绩表
Where 学生信息表.学号=学生成绩表.学号
```

【例 3-28】查询"09 土木 1"班学生所学课程的成绩，显示学生的学号、姓名、班级、课程号和成绩。

```
Select St.学号, 姓名, 班级, 课程号, 成绩
From 学生信息表 St,学生成绩表 Sg
Where St.学号 = Sg.学号 And St.班级="09土木1"
```

4. SQL 数据更新命令

（1）插入语句（Insert）

Insert 命令用于向表中添加新记录，然后给新记录字段赋值。语句格式如下：

```
Insert Into <表名>[(<列名 1>[, <列名 2>, …])]
Values ([<常量 1>[,<常量 2>,…])
```

其中，Into 子句指出将要添加新记录的表名，Values 子句指出输入到新记录的指定字段中的数据值，如果省略前面的字段名列表，那么按照表结构中定义的顺序依次指定每个字段中的值。添加新记录后，该记录中所包含的数据就是 Values 子句中所包含的数据。

【例 3-29】向"学生信息表"中插入一个学生记录："09750211","胡美丽","女","1989-12-26","团员","09 电气 2"。

```
Insert  into 学生信息表;
Values("9750211","胡美丽","女","1989-12-26","团员","09 电气 2")
```

（2）更新语句（Update）

Update 命令用于更新表中的记录。语句格式如下：

```
Update <表名> Set <列名>=<表达式>[, <列名>=<表达式>]    [,……]
[Where <条件>]
```

其中，Update 子句指出进行记录修改的表的名称。Set 子句指出将被更新的列及它们的新值。如果省略 Where 子句，则该列的每一行均用同一个值进行更新。

【例 3-30】将学号为"09220101"的学生的"101"课程成绩增加 10 分。

```
Update 学生成绩表 Set 成绩 = 成绩+10;
Where 课程号="101"And 学号="09220101"
```

（3）删除语句（Delete）

Delete 命令用于删除表中的记录。语句格式如下：

```
Delete  From <表名> [Where <条件>]
```

其中，From 子句用于指出要删除记录的表的名称。Where 子句指定删除记录的条件。

【例 3-31】删除"学生信息表"中所有"09 土木 1"班的学生的记录。

```
Delete *
From 学生信息表
Where 班级="09 土木 1"
```

3.9 查 询 实 训

1. 实验目的

① 掌握各种查询的创建方法。

② 掌握查询条件的表示方法。

③ 掌握应用 SQL 中 Select 语句进行数据查询的方法。

④ 理解 SQL 中数据定义和数据操纵语句。

2. 实验内容与要求

① 创建各种查询。

② 使用 SQL 中 Select 语句进行数据查询。

③ 使用 SQL 语句进行数据定义和数据操纵。

实训 1　利用"简单查询向导"创建选择查询

1. 单表选择查询

要求：以"教师"表为数据源，查询教师的姓名和职称信息，所建查询命名为"教师情况"。

操作步骤：

① 打开"教学管理.accdb"数据库，在"创建"选项卡"查询"组中单击"查询向导"，如图 3-20 所示，弹出"新建查询"对话框。

② 在"新建查询"对话框中选择"简单查询向导"，单击"确定"按钮，在弹出对话框的"表/查询"下拉列表中选择数据源为"表:教师"，再分别双击"可用字段"列表中的"姓名"和"职称"字段，将它们添加到"选定的字段"列表框中，如图 3-21 所示。然后单击"下一步"按钮，为查询指定标题为"教师情况"，最后单击"完成"按钮。

图 3-20　创建查询

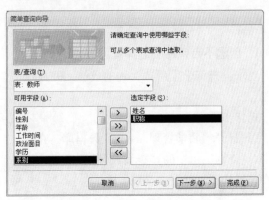

图 3-21　简单查询向导

2. 多表选择查询

要求：查询学生所选课程的成绩，并显示"学生编号"、"姓名"、"课程名称"和"成绩"字段。

操作步骤：

① 打开"教学管理.accdb"数据库，在导航窗格中，单击"查询"对象，单击"创建"选项卡，"查询"组中的"查询向导"，弹出"新建查询"对话框。

② 在"新建查询"对话框中选择"简单查询向导"，单击"确定"按钮，在弹出对话框的"表/查询"下拉列表中先选择查询的数据源为"学生"表，并将"学生编号"和"姓名"字段添加到"选定字段"列表框中，再分别选择数据源为"课程"表和"选课成绩"表，并将"课程"表中的"课程名称"字段和"选课成绩"表中的"成绩"字段添加到"选定字段"列表框中。选择结果如图 3-22 所示。

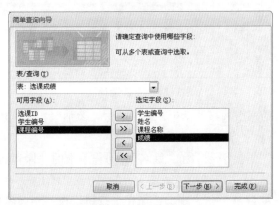

图 3-22　多表查询

③ 单击"下一步"按钮，选"明细"选项。

④ 单击"下一步"按钮，为查询指定标题"学生选课成绩"，选择"打开查询查看信息"选项。

⑤ 单击"完成"按钮，弹出查询结果。

注：查询涉及"学生"、"课程"和"选课成绩"3 个表，在建查询前要先建立好 3 个表之间的关系。

实训 2　在设计视图中创建选择查询

1.　创建不带条件的选择查询

要求：查询学生所选课程的成绩，并显示"学生编号"、"姓名"、"课程名称"和"成绩"字段。

操作步骤：

① 打开"教学管理.accdb"数据库，在导航窗格中，单击"查询"对象，单击"创建"选项卡，"查询"组中的"查询设计"，出现"表格工具/设计"选项卡，如图 3-23 所示，同时打开查询设计器，如图 3-24 所示。

图 3-23　查询工具

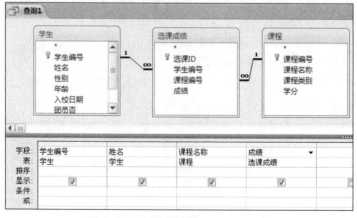

图 3-24　查询设计器

② 在"显示表"对话框中选择"学生"表，单击"添加"按钮，添加学生表，同样方法，再依次添加"选课成绩"和"课程"表。

③ 双击学生表中的"学生编号"和"姓名"，课程表中的"课程名称"，以及选课成绩表中的"成绩"字段，将它们依次添加到"字段"行的第 1 ~ 4 列上。

④ 单击快速工具栏 中的"保存"按钮，在"查询名称"文本框中输入"选课成绩查询"，单击"确定"按钮。

⑤ 选择"开始"→"视图"→"数据表视图"菜单命令，或单击"查询工具/设计"→"结果"上的"运行"按钮，查看查询结果。

2. 创建带条件的选择查询

要求：查找 2008 年 9 月 1 日入校的男生信息，要求显示"学生编号"、"姓名"、"性别"、"团员否"字段内容。

操作步骤：

① 在设计视图中创建查询，添加"学生"表到查询设计视图中。

② 依次双击"学生编号"、"姓名"、"性别"、"团员否"、"入校日期"字段，将它们添加到"字段"行的第 1~5 列中。

③ 单击"入校日期"字段"显示"行上的复选框，使其空白，查询结果中不显示入校日期字段值。

④ 在"性别"字段列的"条件"行中输入条件"男"，在"入校日期"字段列的"条件"行中输入条件#2008-9-1#，设置结果如图 3-25 所示。

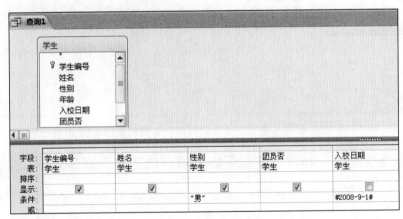

图 3-25　带条件的查询

⑤ 单击"保存"按钮，在"查询名称"文本框中输入"2008 年 9 月 1 日入校的男生信息"，单击"确定"按钮。

⑥ 单击"查询工具/设计"→"结果"上的"运行"按钮，查看查询结果。

实训 3　利用"查找重复项查询向导"创建查询

要求：查找学生表中同名同姓的记录，要求显示学生编号、姓名、年龄、住址字段。

操作步骤：

① 打开"教学管理.accdb"数据库，单击"创建"选项卡，"查询"组中的"查询向导"，弹出"新建查询"对话框。

② 在"新建查询"对话框中选择"查找重复项查询向导"，单击"确定"按钮，在弹出对话框中选择数据源为"表:学生"，如图 3-26 所示，单击"下一步"按钮，在弹出对话框中分别双击"可用字段"列表中的"学生编号"、"姓名"、"住址"字段，将它们添加到"选定字段"列表框中，然后单击"下一步"按钮，为查询指定标题为"查找学生的姓名重复项"，如图 3-27 所示，最后单击"完成"按钮，查看结果。

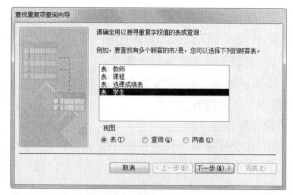

图 3-26 利用"查找重复项查询向导"创建查询步骤 1

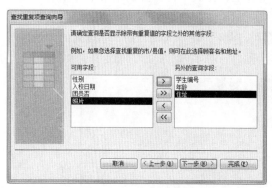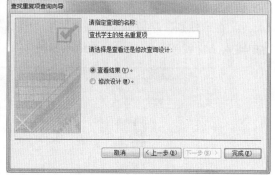

图 3-27 利用"查找重复项查询向导"创建查询步骤 2, 3

实训 4 利用"查找不匹配项查询向导"创建查询

要求：查找学生表中有记录而选课成绩表中没有出现的记录。要求显示学生编号、姓名字段。

操作步骤：

打开"教学管理.accdb"数据库，单击"创建"选项卡，"查询"组中的"查询向导"，弹出"新建查询"对话框。在"新建查询"对话框中选择"查找不匹配项查询向导"，单击"确定"按钮，在弹出的对话框的"请确定在查询结果中含有哪张表或查询中的记录"列表框中选择数据源为"表:学生"，如图 3-28 所示，单击"下一步"按钮，在弹出的对话框的"请确定哪张表或查询包含相关记录"列表框中选择"表:选课成绩表"，单击"下一步"按钮，在弹出对话框的"'学生'中的字段"选择"学生编号"，在"'选课成绩表'中的字段"也选择"学生编号"，如图 3-29 所示，单击"下一步"按钮，再分别双击"可用字段"中的"学生编号"、"姓名"、"年龄"和"住址"字段，将它们添加到"选定字段"列表框中，如图 3-30 所示。然后单击"下一步"按钮，为查询指定标题为"学生表与选课成绩表不匹配项"，最后单击"完成"按钮，查看结果。

图 3-28 利用"查找不匹配项查询向导"创建查询步骤 1

图 3-29 利用"查找不匹配项查询向导"创建查询步骤 2, 3

图 3-30 利用"查找不匹配项查询向导"创建查询步骤 4, 5

实训 5 创建统计查询

1. 创建不带条件的统计查询

要求：统计学生人数。

操作步骤：

① 在设计视图中创建查询，添加"学生"表到查询设计视图中。

② 双击"学生编号"字段，添加到"字段"行的第 1 列。

③ 单击"查询工具/设计"→"显示/隐藏"组上的"汇总"按钮，插入一个"总计"行，单击"学生编号"字段的"总计"行右侧的下拉按钮，选择"计数"函数，如图 3-31 所示。

图 3-31 不带条件的统计查询

④ 单击"保存"按钮,在"查询名称"文本框中输入"统计学生人数"。

⑤ 运行查询,查看结果。

2. 创建带条件的统计查询

要求:统计 2008 年入学的男生人数。

操作步骤:

① 在设计视图中创建查询,添加"学生"表到查询设计视图中。

② 双击"学生编号"、"性别"和"入校日期"字段,将它们添加到"字段"行的第 1~3 列中。

③ 单击"性别"、"入校日期"字段"显示"行上的复选框,使其空白。

④ 单击"查询工具/设计"→"显示/隐藏"组上的"汇总"按钮,插入一个"总计"行,单击"学生编号"字段的"总计"行右侧的下拉按钮,选择"计数"函数,"性别"和"入校日期"字段的"总计"行选择"Where"选项。

⑤ 在"性别"字段列的"条件"行中输入条件"男";在"入校日期"字段列的"条件"行中输入条件"Year([入校日期])=2008",如图 3-32 所示。

图 3-32　带条件的统计查询

⑥ 单击保存按钮,在"查询名称"文本框中输入"统计 2008 年入学的男生人数"。

⑦ 运行查询,查看结果。

3. 创建分组统计查询

要求:统计男、女学生年龄的最大值、最小值和平均值。

操作步骤:

① 在设计视图中创建查询,添加"学生"表到查询设计视图中。

② 字段行第 1 列选"性别",第 2 列~第 4 列选"年龄"。

③ 单击"查询工具/设计"→"显示/隐藏"组上的"汇总"按钮,插入一个"总计"行,设置"性别"字段的"总计"行为"Group By","年龄"字段的"总计"行分别设置成最大值、最小值和平均值,查询的设计窗口如图 3-33 所示。

④ 单击"保存"按钮,在"查询名称"文本框中输入"统计男女生年龄"。

⑤ 运行查询,查看结果。

图 3-33　分组统计查询

4. 创建含有 IIF()函数的计算字段

要求：修改查询"2008 年 9 月 1 日入校的男生信息"，团员情况用"是"和"否"来显示，使显示结果更清晰。

操作步骤：

① 在导航格的"查询"对象下，选中"2008 年 9 月 1 日入校的男生信息"查询，右击"设计视图"菜单，打开查询设计视图。

② 将字段"团员否"修改为"团员情况:IIF([团员否],"是","否")"，选中该列"显示"行上的复选框，设计结果如图 3-34 所示。

图 3-34　含有 IIF()函数的计算字段查询

③ 单击"保存"按钮，保存查询，运行并查看结果。

5. 新增含有 Date()函数的计算字段

要求：显示教师的姓名、工作时间和工龄。

操作步骤：

① 在设计视图中创建查询，添加"教师"表到查询设计视图中。

② 在"字段"行第 1 列中选"姓名"字段，第 2 列选"工作时间"字段，第 3 列输入"工龄:Year(Date())-Year([工作时间])"，并选中"显示"行上的复选框，如图 3-35 所示。

图 3-35　含有 Date()函数的计算字段查询

③ 单击"保存"按钮，将查询命名为"统计教师工龄"，运行并查看结果。

实训 6　创建交叉表查询

1. 利用"交叉表查询向导"创建查询

要求：查询每个学生的选课情况和平均成绩，行标题为"学生编号"，列标题为"课程编号"，计算字段为"成绩"。注意：交叉表查询不做各行小计。

操作步骤：

① 在数据库窗口中，选择"查询"对象，单击"新建"按钮，选择"交叉表查询向导"，单击"确定"按钮。

② 选择"视图"选项中"表"选项，选择"选课成绩"表，如图 3-36 所示。单击"下一步"按钮。

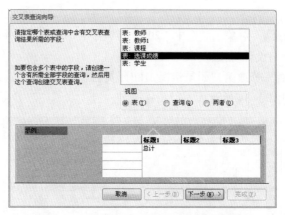

图 3-36　指定包含交叉表查询字段的表

③ 将"可用字段"列表中的"学生编号"添加到其右侧的"选定字段"列表中，即将"学生编号"作为行标题，单击"下一步"按钮，如图 3-37 所示。

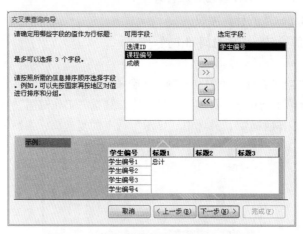

图 3-37　确定哪些字段的值作为行标题

④ 选择"课程编号"作为列标题，然后单击"下一步"按钮。

⑤ 在"字段"列表中，选择"成绩"作为统计字段，在"函数"列表中选"Avg"选项，

取消"是，包含各行小计"的选择，单击"下一步"按钮，如图 3-38 所示。

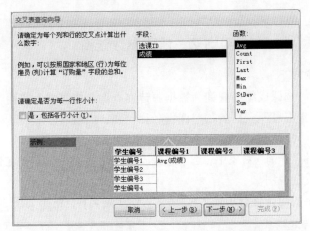

图 3-38 确定行列交叉点计算出什么数字

⑥ 在"指定查询的名称"文本框中输入"选课成绩交叉查询"，选择"查看查询"选项，最后单击"完成"按钮。

2. 使用设计视图创建交叉表查询

要求：使用设计视图创建交叉表查询，用于统计各门课程男女生的平均成绩，要求不做各行小计。

操作步骤：

① 在设计视图中创建查询，并将"课程"、"选课成绩"和"学生"三个表添加到查询设计视图中。

② 双击"课程"表中的"课程名称"字段，"学生"表中的"性别"字段，"选课成绩"表中的"成绩"字段，将它们添加到"字段"行的第 1～3 列中。

③ 选择"查询类型"组→"交叉表"。

④ 在"课程名称"字段的"交叉表"行，选择"行标题"选项，在"性别"字段的"交叉表"行，选择"列标题"选项，在"成绩"字段的"交叉表"行，选择"值"选项，在"成绩"字段的"总计"行，选择"平均值"选项，设置结果如图 3-39 所示。

图 3-39 设计视图创建交叉表查询

⑤ 单击"保存"按钮，将查询命名为"统计各门课程男女生的平均成绩"。运行查询，查看结果。

实训 7　创建参数查询

1. 创建单参数查询

要求：以已建的"选课成绩"查询为数据源建立查询，按照学生"姓名"查看某学生的成绩，并显示学生"学生编号"、"姓名"、"课程名称"和"成绩"等字段。

操作步骤：

① 在导航窗格的"查询"对象中，选"选课成绩查询"，然后右击，在快捷菜单中选择"设计视图"，打开查询设计视图。

② 在"姓名"字段的条件行中输入"[请输入学生姓名]"，结果如图 3-40 所示。

图 3-40　创建单参数查询

③ 单击"查询/设计"→"结果"上的"运行"按钮，在"请输入学生姓名"文本框中输入要查询的学生的姓名，例如："江贺"，单击"确定"按钮，显示查询结果。

④ 单击"文件"→"另存为"菜单命令，将查询另存为"单参数查询—按姓名查询"。

2. 创建多参数查询

要求：建立一个多参数查询，用于显示指定范围内的学生成绩，要求显示"姓名"和"成绩"字段的值。注："选课成绩查询"参见实训 2，不带参数。

操作步骤：

① 在设计视图中创建查询，在"显示表"对话框中，选择"查询"选项卡，并将"选课成绩查询"添加查询设计视图中。

② 双击字段列表区中的"姓名"和"成绩"字段，将它们添加到设计网格中"字段"行的第 1 列和第 2 列中。

③ 在"成绩"字段的"条件"行中输入"Between [请输入成绩下限:] And [请输入成绩上限:]"。在"成绩"字段的"排序"行中设置"升序"，如图 3-41 所示。

④ 单击"运行"按钮，屏幕提示输入下限，例如 80，确定后，输入上限，例如 100，指定要查找的成绩范围，单击"确定"按钮，显示查询结果。

⑤ 保存查询为"多参数查询—按成绩范围查询"。

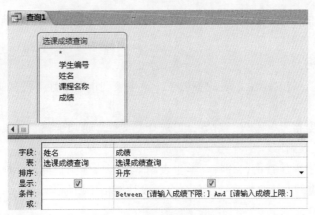

图 3-41 创建多参数查询

实训 8 创建操作查询

1. 创建生成表查询

要求：将成绩在 90 分以上学生的"学生编号"、"姓名"、"成绩"存储到"优秀成绩"表中。

操作步骤：

① 在设计视图中创建查询，并将"学生"表和"选课成绩"表添加到查询设计视图中。

② 双击"学生"表中的"学生编号"、"姓名"字段，"选课成绩"表中的"成绩"字段，将它们添加到设计网格中"字段"行中。

③ 在"成绩"字段的"条件"行中输入条件">=90"，如图 3-42 所示。

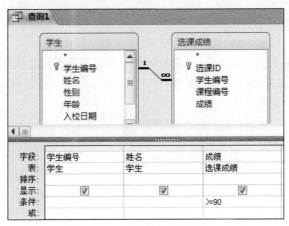

图 3-42 创建生成表查询

④ 选择"查询类型"组→"生成表"命令，打开"生成表"对话框。

⑤ 在"表名称"文本框中输入要创建的表名称"优秀成绩"，并选中"当前数据库"选项，单击"确定"按钮。

⑥ 单击"结果"组→"视图"按钮，预览记录。

⑦ 保存查询，查询名称为"生成表查询"。

⑧ 单击"结果"组→"运行"按钮，屏幕上出现一个提示框，单击"是"按钮，开始建立"优秀成绩"表。

⑨ 在"导航窗格"中，选择"表"对象，可以看到生成的"优秀成绩"表，双击它，在数据表视图中查看其内容。

2. 创建删除查询

要求：创建查询，将"学生"表的备份表"学生表副本"中姓"张"的学生记录删除。

操作步骤：

① 选择"导航窗格"→"表"对象，再选择"文件"选项卡→"对象另存为"菜单命令，输入新的表名"学生表副本"。

② 在设计视图中创建查询，并将"学生表副本"表添加到查询设计视图中。

③ 选择"查询类型"→"删除"菜单命令，设计网格中增加一个"删除"行。

④ 双击字段列表中的"姓名"字段，将它添加到设计网格"字段"行中，该字段的"删除"行显示"Where"，在该字段的"条件"行中输入条件"Left([姓名],1)="张""，如图 3-43 所示。

⑤ 单击工具栏上的"视图"按钮，预览要删除的一组记录。

⑥ 保存查询为"删除查询"。

⑦ 单击工具栏上的"运行"按钮，单击"是"按钮，完成删除查询的运行。

⑧ 打开"学生的副本"表，查看姓"张"的学生记录是否被删除。

图 3-43　创建删除查询

3. 创建更新查询

要求：创建更新查询，将"课程编号"为"104"的"成绩"增加 5 分。

操作步骤：

① 在设计视图中创建查询，并将"选课成绩"表添加到查询设计视图中。

② 双击"选课成绩"表中的"课程编号"、"成绩"字段，将它们添加到设计网格中"字段"行中。

③ 选择"查询类型"→"更新"命令，设计网格中增加一个"更新到"行。

④ 在"课程编号"字段的"条件"行中输入条件"104"，在"成绩"字段的"更新到"行中输入"[成绩]+5"，如图 3-44 所示。

⑤ 单击工具栏上的"视图"按钮，预览要更新的一组记录。

⑥ 保存查询为"更新查询"。

⑦ 单击工具栏上的"运行"按钮，单击"是"按钮，完成更新查询的运行。

⑧ 打开"选课成绩"表，查看成绩是否发生了变化。

图 3-44　创建更新查询

4. 创建追加查询

要求：创建查询，将选课成绩在 80～89 分之间的学生记录添加到已建立的"优秀成绩"表中。

操作步骤：

① 在设计视图中创建查询，并将"学生"表和"选课成绩"表添加到查询设计视图中。

② 单击"查询类型"，选择"追加查询"，弹出"追加"对话框，如图 3-45 所示。

③ 在"追加到"选项中的"表名称"下拉列表框中选"优秀成绩"表，并选中"当前数据库"复选框，单击"确定"按钮，这时设计网格中增加一个"追加到"行，如图 3-46 所示。

④ 双击"学生"表中的"学生编号"和"姓名"字段，"选课成绩"表中的"成绩"字段，将它们添加到设计网格中"字段"行中，"追加到"行中自动填上"学生编号"、"姓名"和"成绩"。

⑤ 在"成绩"字段的"条件"行中，输入条件">=80 And <90"，结果如图 3-46 所示。

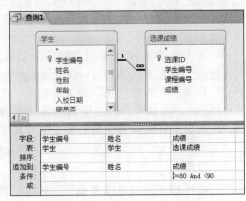

图 3-45 "追加"对话框   图 3-46 带条件的查询设计器

⑥ 单击工具栏上的"视图"按钮，预览要追加的一组记录。

⑦ 保存查询为"追加记录"。

⑧ 单击工具栏上的"运行"按钮，单击"是"按钮，完成记录的追加。

⑨ 打开"优秀成绩"表，查看追加的记录。

实训 9 创建 SQL 查询

要求：对"教师"表进行查询，显示全部教师信息。

操作步骤：

① 在设计视图中创建查询，不添加任何表，在"显示表"对话框中直接单击"关闭"按钮，进入空白的查询设计视图。

② 单击"查询类型"，单击"SQL 视图"按钮（也可以右击"查询 1"选项卡，如图 3-47 所示），进入 SQL 视图。

③ 在 SQL 视图中输入以下语句：SELECT * FROM 教师。

④ 保存查询为"SQL 查询 01"。

⑤ 单击"运行"按钮，显示查询结果。

图 3-47 SQL 查询菜单

实训 10 SQL 查询测试

1. SQL 简单查询

① 对"课程"表进行查询，显示课程全部信息。

SELECT_____FROM 课程

② 列出前 5 个教师的姓名和工龄。

```
SELECT _____ 姓名,Year(Date())-Year(工作时间) AS 工龄 FROM 教师
```

③ 求出所有学生的平均年龄。

```
SELECT _____AS 平均年龄 FROM 学生
```

2. 带条件查询

① 列出成绩在 80 分（含 80 分）以上的学生记录。

```
SELECT * FROM 选课成绩 WHERE _____
```

② 求出福建住址的学生平均年龄。

```
SELECT Avg(年龄) AS 平均年龄 FROM 学生 WHERE _____
```

③ 列出北京海淀区和上海住址的学生名单。

```
SELECT 学生编号,姓名,住址 FROM 学生 WHERE 住址 In _____
```

④ 列出成绩在 80~100 分之间的学生名单。

```
SELECT 学生编号,成绩 FROM 选课成绩 WHERE 成绩 Between _____
```

⑤ 列出所有的姓"张"的学生名单。

```
SELECT 学生编号,姓名 FROM 学生 WHERE 姓名 Like _____
```

⑥ 列出所有成绩为空值的学生编号和课程编号。

```
SELECT 学生编号,课程编号 FROM 选课成绩 WHERE 成绩 _____
```

3. 排序

① 按性别升序列出学生编号、姓名、性别、年龄及住址，性别相同的再按年龄由大到小排序。

```
SELECT 学生编号,姓名,性别,年龄,住址 FROM 学生 ORDER BY _____
```

② 将学生成绩降序排序，只显示前 30%的记录。

```
SELECT _____ FROM 选课成绩 ORDER BY 成绩 _____
```

4. 分组查询

① 分别统计"学生"表中男女生人数。

```
SELECT 性别,Count(*) AS 人数 FROM 学生 _____
```

② 按性别统计"教师"表中政治面目为非党员的人数。

```
SELECT 性别,COUNT(*) AS 人数 FROM 教师 WHERE _____ GROUP BY 性别
```

③ 列出平均成绩大于 75 分的课程编号，并按平均成绩升序排序。

```
SELECT 课程编号,Avg(成绩) AS 平均成绩
FROM 选课成绩
GROUP BY 课程编号 HAVING _____
ORDER BY Avg(成绩) ASC
```

④ 统计每个学生选修课程的门数（超过 1 门的学生才统计），要求输出学生编号和选修门数，查询结果按选课门数降序排列，若门数相同，按学生编号升序排列。

```
SELECT 学生编号,Count(课程编号) AS 选课门数
FROM 选课成绩
GROUP BY 学生编号 HAVING _____
ORDER BY 2 DESC, 1
```

5. 嵌套查询

① 列出选修"高等数学"的所有学生的学生编号。

```
SELECT 学生编号 FROM 选课成绩 WHERE 课程编号=
(SELECT _____ FROM 课程 WHERE 课程名称="高等数学")
```

② 列出选修"101"课的学生中成绩比选修"104"的最低成绩高的学生编号和成绩。

```
SELECT 学生编号,成绩 FROM 选课成绩
WHERE 课程编号="101"And 成绩>Any
 (SELECT _____ FROM 选课成绩 WHERE 课程编号="104")
```

③ 列出选修"101"课的学生,这些学生的成绩比选修"104"课的最高成绩还要高的学生编号和成绩。

```
SELECT 学生编号,成绩 FROM 选课成绩
WHERE 课程编号="101" And 成绩>All
(SELECT _____ FROM 选课成绩 WHERE 课程编号="104")
```

④ 列出选修"高等数学"或"英语"的所有学生的学生编号。

```
SELECT 学生编号 FROM 选课成绩
WHERE 课程编号 IN
(SELECT 课程编号 FROM 课程 WHERE _____)
课程编号;
```

6. 联接查询

① 输出所有学生的成绩单,要求给出学生编号、姓名、课程编号、课程名称和成绩。

```
SELECT a.学生编号,姓名,b.课程编号,课程名称,成绩
FROM 学生 a,选课成绩 b,课程 c
WHERE a.学生编号=b.学生编号 And _____
```

② 列出团员学生的选课情况,要求列出学生编号、姓名、课程编号、课程名称和成绩。

```
SELECT a.学生编号,a.姓名,b.课程编号,课程名称,成绩
FROM 学生 a,选课成绩 b,课程 c
WHERE a.学生编号=b.学生编号 And_____
```

③ 求选修"101"课程的女生的平均年龄。

```
SELECT AVG(年龄) AS 平均年龄 FROM 学生,选课成绩
WHERE 学生.学生编号=选课成绩.学生编号 AND_____
```

7. 联合查询

对"教学管理"数据库,列出选修"101"或"102"课程的所有学生的学生编号和姓名,要求建立联合查询。

```
SELECT 学生.学生编号,学生.姓名 FROM 选课成绩,学生
WHERE 课程编号="101" And 选课成绩.学生编号=学生.学生编号
UNION SELECT 学生.学生编号,学生.姓名 FROM 选课成绩,学生
WHERE 课程编号="102" And _____
```

实训 11　SQL 数据定义测试

1. 建立表结构

要求:在"教学管理"数据库中建立"教师情况"表结构:包括编号、姓名、性别、基本工资、出生年月、研究方向字段,其中出生年月允许为空值。

SQL 语句如下:

```
CREATE TABLE 教师情况(编号 Char(7),姓名 Char(8),性别 Char(2),基本工资 Money,出生年月 Datetime Null,研究方向 Text(50))
```

2. 修改表结构

要求:对"课程"表的结构进行修改,完善 SQL 语句。

① 为"课程"表增加一个整数类型的"学时"字段。

```
ALTER TABLE 课程 _____ 学时 Smallint
```
② 删除"课程"表中的"学时"字段。
```
ALTER TABLE 课程_____
```

3. 删除表

要求：在"教学管理"数据库中删除已建立的"教师情况"表，完善 SQL 语句。
```
DROP _____ 教师情况
```

4. 插入记录

要求：向"学生的副本"表中添加记录，学生编号为"2008041201"，姓名为"张会"，入校日期为 2008 年 9 月 1 日，完善 SQL 语句。
```
INSERT INTO 学生的副本(学生编号,姓名,入校日期)
VALUES(                    )
```

5. 更新记录

要求：完善对"教学管理"数据库进行如下操作的语句。

① 将"学生的副本"表中"叶飞"同学的住址改为"广东"。
```
UPDATE 学生的副本 SET 住址="广东" WHERE _____
```
② 将所有团员学生的成绩加 2 分。完善 SQL 语句。
```
UPDATE 选课成绩 SET _____
WHERE 学生编号 IN (SELECT 学生编号 FROM 学生 WHERE 团员否)
```

6. 删除记录

要求：完善对"教学管理"数据库进行如下操作的语句。

① 删除"学生的副本"表所有男生的记录。
```
DELETE FROM 学生 _____
```
② 删除"选课成绩表的副本"表中成绩小于 60 的记录。
```
DELETE FROM 选课成绩表的副本_____
```

思考与练习

一、判断题

1. 查询也是一个表，是以表或查询为数据来源的再生表，是动态的数据集合，查询的记录集实际上并不存在。   （   ）

2. 查询的结果总是与数据源中的数据保持同步。   （   ）

3. 查询不可以作为数据库对象的数据源使用。   （   ）

4. 使用设计视图创建查询只能创建带条件的查询。   （   ）

5. 若要查询姓李的学生，查询准则应设置为："Like "李""。   （   ）

6. 若要查询成绩为 60~80 分之间(包括 60 分，不包括 80 分)的学生的信息，成绩字段的查询准则应设置为"IN(60,80)"。   （   ）

7. 内部计算函数"Avg"的意思是求所在字段内所有的值的平均值。   （   ）

8. 表达式""教师工资"between "2000" and "3000""是合法的。   （   ）

9. 在查询设计器中不想显示选定的字段内容，则将该字段的"显示"项对号取消。
                                                                        （   ）

10. 在查询设计器的查询设计网格中，"类型"不是字段列表框中的选项。（　　　）

11. 交叉表查询显示来源于表中某个字段的总结值，并将它们分组，一组列在数据表的左侧，一组列在数据表的上部。（　　　）

12. 交叉表查询是为了解决一对一关系中，对"一方"实现分组求和的问题。（　　　）

13. 动作查询不可以对数据表中原有的数据内容进行编辑修改。（　　　）

14. 查询设计器分为两个部分，上部是数据表/查询显示区，下部是查询设计网格。（　　　）

15. 参数查询属于动作查询。（　　　）

16. 参数查询的参数值在创建查询时不需定义，而是在系统运行查询时由用户利用对话框来输入参数值的查询。（　　　）

17. 使用向导创建查询只能创建不带条件(即 WHERE)的查询。（　　　）

18. 在 Access 数据库中，对数据表进行删除的是选择查询。（　　　）

19. 用表"学生名单 1"创建新表"学生名单 2"，所使用的查询方式是"追加查询"。（　　　）

20. 用表"学生名单"创建新表"学生名单 2"，所使用的查询方式是"生成表查询"。（　　　）

21. 若上调产品价格，最方便的方法是使用"更新查询"。（　　　）

22. 操作查询不包括"参数查询"。（　　　）

23. "查询不能生成新的数据表"叙述是错误的。（　　　）

二、选择题

1. 在 Access 数据库中，从数据表找到符合特定准则的数据信息的是（　　　）。

    A. 汇总查询　　　　　B. 操作查询　　　　　C. 选择查询　　　　　D. SQL 查询

2. 在表达式中，为了与一般的数值数据区分，Access 将文本型的数据用（　　　）括起来。

    A. *　　　　　　　　B. #　　　　　　　　C. "　　　　　　　　D. ?

3. 在查询中对一个字段指定的多个条件的取值之间满足（　　　）关系。

    A. And　　　　　　　B. Or　　　　　　　　C. Not　　　　　　　D. Like

4. 在查询中统计某列中选择的项数应使用（　　　）函数。

    A. SUM　　　　　　　B. COUNT(列名)　　C. COUNT(*)　　　　D. AVG

5. 在课程表中要查找课程名称中包含"计算机"的课程，对应"课程名称"字段的正确条件表达式是（　　　）。

    A. 计算机　　　　　　B. *计算机*　　　　　C. Like　*计算机*　　D. Like　计算机

6. 在数据表中，用户可以查找需要的数据，并替换为新的值，如果要将成绩为 80~99 分(含 80 和 99)的分数替换为 A-，应在"替换值"项中输入（　　　）。

    A. 80-99　　　　　　B. [8-9][0-9]　　　　C. A-　　　　　　　　D. 8#9#

7. （　　　）是交叉表查询必须搭配的功能。

    A. 总计　　　　　　　B. 上限值　　　　　　C. 参数查询　　　　　D. 以上都不是

8. 查询向导不能创建（　　　）。

    A. 选择查询　　　　　B. 交叉表查询　　　　C. 参数查询　　　　　D. 重复项查询

9. 关于使用查询向导创建查询，叙述错误的是（　　　）。

    A. 使用查询向导创建查询可以加快查询创建的速度

    B. 创建的过程中，它提示并询问用户相关的条件

    C. 创建的过程中，根据用户输入的条件建立查询

    D. 使用查询向导创建查询的缺点在于创建查询后，不能对已创建的查询进行修改

10. 可以采用向导的方法来建立一个查询，（　　　）的方法不是向导建立的方法。

    A. 使用设计视图   B. 使用简单查询向导

    C. 使用交叉表查询向导   D. 使用重复项查询向导

11. 利用向导创建查询对象中的>>按钮的作用是（　　　）。

    A. 见"可用"字段列表框中选定的字段送到"选定字段"框中

    B. 将"可用字段"列表框中的全部字段送到"选定字段"框中

    C. 将"选定字段"列表框中的全部字段送到"可用字段"框中

    D. 将"选定字段"列表框中的选定字段送到"可用字段"框中

12. 如果使用向导创建交叉表查询的数据源必须来自多个表，可以先建立一个（　　　），然后将其作为数据源。

    A. 表   B. 虚表   C. 查询   D. 动态集

13. 使用查询向导不可以创建（　　　）。

    A. 简单的选择查询   B. 基于一个表和查询的交叉表查询

    C. 操作查询   D. 查找重复项查询

14. 使用向导创建交叉表查询的数据源必须来自（　　　）表或查询。

    A. 1个   B. 2个   C. 3个   D. 多个

15. 使用向导创建交叉表查询的数据源是（　　　）。

    A. 数据库文件   B. 表   C. 查询   D. 表或查询

16. 在Access数据库中，对数据表进行列求和的是（　　　）。

    A. 汇总查询   B. 操作查询   C. 选择查询   D. SQL查询

17. 在Access数据库中，对数据表进行删除的是（　　　）。

    A. 汇总查询   B. 操作查询   C. 选择查询   D. SQL查询

18. 在使用向导创建交叉表查询时，用户需要指定（　　　）字段。

    A. 1   B. 2   C. 3   D. 4

19. 查询的设计视图创建好查询后，可进入该查询的数据表视图观察结果，下列方法不能实现的是（　　　）。

    A. 保存该查询后，再双击该查询

    B. 直接单击工具栏中的打开按钮

    C. 选定"表"对象，双击"使用数据表试图创建"快捷方式

    D. 单击工具栏最左端的"视图"按钮，切换到数据表视图

20. 查询的设计视图基本上分为3部分，（　　　）不是设计视图的组成部分。

    A. 标题及查询类型栏   B. 页眉页脚

    C. 字段列表区   D. 设计网格区

21. 关于查询的设计视图，说法不正确的是（　　　）。

A．可以进行数据记录的添加　　　　　　B．可以进行查询条件的设定

C．可以进行查询字段是否显示的设定　　D．可以进行查询表的设定

22．若要用设计视图创建一个查询，查找所有姓"张"的女同学的姓名、性别和总分，则正确的设置查询准则的方法应为（　　　）。

A．在"准则"单元格中输入:姓氏="张" AND 性别="女"

B．在"总分"对应的"准则"单元格中输入:总分；在"性别"对性的"准则"单元格中输入:"女"

C．在"姓名"对应的"准则"单元空格中输入:Like "张*";在"性别"对应的"准则"单元格中输入:"女"

D．在"准则"单元格中输入:总分 OR 性别="女" AND 姓氏="张"

23．若要用设计视图创建一个查询，查找总分在 255 分以上(包括 255 分)的女同学的姓名、性别和总分，正确的设置查询准则的方法应为（　　　）。

A．在准则单元格输入:总分>=255 AND 性别="女"

B．在总分准则单元格输入:总分>=255;在性别的准则单元格输入:"女"

C．在总分准则单元格输入:>=255;在性别的准则单元格输入:"女"

D．在准则单元格输入:总分>=255 OR 性别="女"

24．在查询"设计视图"窗口，（　　　）不是字段列表框中的选项（　　　）。

A．排序　　　　　　B．显示　　　　　　C．类型　　　　　　D．准则

25．在查询"设计视图"中（　　　）。

A．只能添加数据库表　　　　　　　　　B．可以添加数据库表，也可以添加查询

C．只能添加查询　　　　　　　　　　　D．以上说法都不对

三、简答题

1．什么是查询？ Access 2010 中可以实现哪几种类型的查询？

2．数据表和查询的联系和区别是什么？

3．查询有哪些视图？它们的作用分别是什么？

4．查询与表中的筛选操作的区别是什么？

5．SQL 语言的命令动词主要有哪些？它们的功能分别是什么？

第 4 章

窗 体

4.1 窗体概述

Access 窗体的实质是运行于 Windows 环境下的面向对象、事件驱动的应用程序。应用程序以窗口作为与用户交互的界面。在程序尚未执行的设计阶段，窗口（window）被称为窗体（form）。

1. 窗体的功能

窗体主要作为输入或编辑数据的界面，实现数据的输入和编辑；也可以显示或打印来自一个或多个数据表或查询中的数据；还能够与函数、过程相结合，编写宏或 VBA 代码完成各种复杂的控制功能。

2. 窗体的类型

（1）纵栏式窗体

纵栏式窗体一页显示表或查询中的一条记录，记录中的各字段以列的形式排列在屏幕上，每一个字段显示在一个独立的行上，左边显示字段名，右边显示对应的值。

（2）表格式窗体

在表格式窗体中一页显示表或查询中的多条记录，每条记录显示为一行，每个字段显示为一列。字段的名称显示在每一列的顶端。

（3）数据表窗体

数据表窗体从外观上看与数据表和查询显示数据的界面相同，通常是用来作为一个窗体的子窗体。数据表窗体与表格式窗体都以行列格式显示数据，但表格式窗体是以立体形式显示的。

（4）主/子窗体

主窗体和子窗体通常用于显示多个表或查询中的数据，当主窗体中的数据发生变化时，子窗体中的数据也跟着发生相应的变化。

（5）图表窗体

图表窗体以图表方式显示表中数据。

（6）数据透视表窗体

数据透视表窗体是为了以指定的数据表或查询为数据源产生一个按行和列统计分析的表格而建立的一种窗体形式。

（7）数据透视图窗体

数据透视图窗体是用于显示数据表和查询中数据的图形分析窗体。

3. 窗体的视图

在 Access 2010 中，窗体有 6 种视图，如图 4-1 所示，分别为窗体视图、数据表视图、数据透视表视图、数据透视图视图、布局视图和设计视图。打开窗体以后，在"视图"命令组中单击"视图"命令按钮，从中选择所需视图命令。或右击窗体名称选项卡，在弹出的快捷菜单中选择不同的视图命令，可以在不同的窗体视图间相互切换。

（1）窗体视图

窗体视图是窗体运行时的显示形式，是完成对窗体设计后的效果，可浏览窗体所捆绑的数据源数据。要以窗体视图打开某一窗体，可以在导航窗格的窗体列表中双击要打开的窗体。

图 4-1　窗体的视图

（2）数据表视图

数据表视图是以表格的形式显示表或查询中的数据，可用于编辑、添加、删除和查找数据等。只有以表或查询为数据源的窗体才具有数据表视图。

（3）数据透视表视图和数据透视图视图

在数据透视表视图和数据透视图视图中，可以动态地更改窗体的版面，从而以各种不同的方法分析数据。可以重新排列行标题、列标题和筛选字段，直到形成所需的版面布置为止。每次改变版面布置时，窗体会立即按照新的布置重新计算数据。

（4）布局视图

布局视图是用于修改窗体最直观的视图，可用于对窗体进行修改、调整窗体设计，可以根据实际数据调整列宽，在窗体中放置新的字段，并设置窗体及其控件的属性，调整控件的位置和宽度等。在布局视图中，窗体实际正在运行，因此，用户看到的数据与在窗体视图中的显示外观非常相似。

（5）设计视图

窗体设计视图用于窗体的创建和修改，显示的是各种控件的布局，并不显示数据源数据。

4.2　创建窗体

在 Access 2010 主窗口中，"创建"选项卡"窗体"组提供了多种创建窗体的命令按钮。其中包括"窗体"、"窗体设计"和"空白窗体" 3 个主要的命令按钮，还有"窗体向导"、"导航"和"其他窗体" 3 个辅助按钮，如图 4-2 所示。

图 4-2　创建窗体命令组

1. 自动创建窗体

使用自动方式创建窗体是最快捷的方式，它直接将单一的表或查询与窗体绑定，从而创建相应的窗体。窗体中将包含表或查询中的所有字段及记录。

（1）使用"窗体"命令创建窗体

使用"窗体"命令所创建的窗体，其数据源来自某个表或某个查询，其窗体的布局结构简单。这种方法创建的窗体是一种单记录布局的窗体。窗体对表中的各个字段进行排列和显示，左边是字段名，右边是字段的值，字段排成一列或两列。

（2）使用"分割窗体"命令创建窗体

利用"分割窗体"命令创建窗体与利用"窗体"命令创建窗体的操作步骤是一样的，只是创建窗体的效果不一样。分割窗体同时显示窗体视图和数据表视图。

（3）使用"多个项目"命令创建窗体

利用"多个项目"命令创建窗体的方法与利用"窗体"命令创建窗体的操作步骤也是一样的，同样是创建窗体的效果不一样。多个项目窗体通过行与列的形式显示数据，一次可以查看多条记录。多个项目窗体提供了比数据表更多的自定义选项，例如添加图形元素、按钮和其他控件功能。

2. 使用向导创建窗体

使用"窗体向导"命令创建单个窗体，其数据可以来自于一个表或查询，也可以来自于多个表或查询。

3. 使用"空白窗体"命令创建窗体

使用"空白窗体"命令创建窗体，空白窗体不会自动添加任何控件，而是显示"字段列表"窗格，通过手动添加表中的字段来设计窗体。

4. 使用设计视图创建窗体

Access 中的窗体设计视图是进行窗体功能设计的主要工具，用户可以直接使用窗体设计视图创建窗体，也可以在窗体设计视图中修改、完善已有的窗体。在设计视图下创建窗体的关键在于使用好工具箱中的各种控件。

5. 创建主/子窗体

使用"窗体向导"命令也可以创建基于多个数据源的主/子窗体。在创建这种窗体之前，要确定作为主窗体的数据源与作为子窗体的数据源之间存在着一对多联系。

在 Access 2010 中，可以使用两种方法创建主/子窗体：一是同时创建主窗体与子窗体，二是将已建的窗体作为子窗体添加到另一个已建窗体中。子窗体与主窗体的关系，可以是嵌入式，也可以是链接式。

4.3 设 计 窗 体

1. 窗体设计视图的组成与主要功能

打开数据库，在"创建"选项卡的"窗体"组中，单击"窗体设计"按钮，就会打开窗体的设计视图，如图 4-3 所示。

窗体设计视图是设计窗体的窗口，它由 5 个部分组成，分别为窗体页眉、页面页眉、主体、页面页脚和窗体页脚。其中，每一部分称为一个节，每个节都有特定的用途，窗体中的信息可以分布在多个节中。

- 窗体页眉：出现在运行中的窗体顶部，其内容不因记录内容的变化而改变。
- 页面页眉：出现在每个窗体打印页的上方。运行窗体时，屏幕上不显示页面页眉内容。
- 主体：最常用、最主要的部分。开发数据库应用程序主要针对主体节设计用户界面。
- 页面页脚：出现在每个窗体打印页的下方。同样，运行窗体时，屏幕上不显示页面页脚内容。
- 窗体页脚：出现在运行中的窗体最底部。

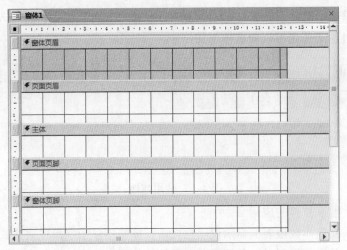

图 4-3 窗体设计视图

2."窗体设计工具"选项卡

打开窗体设计视图时,在功能区"窗体设计工具"选项卡上会出现/"设计"/"排列"/"格式"3 个上下文选项卡,其中,"窗体设计工具/设计"选项卡如图 4-4 所示。

图 4-4 "窗体设计工具"选项卡

3.窗体控件及其应用

(1)控件的类型

根据控件与数据源的关系,控件可以分为绑定型控件、未绑定型控件和计算型控件 3 种。

- 绑定型控件与表或查询中的字段相关联,可用于显示、输入、更新数据库中字段的值。
- 未绑定型控件是无数据源的控件,其"控件来源"属性没有绑定字段或表达式,可用于显示文本、线条、矩形和图片等。
- 计算型控件用表达式而不是字段作为数据源,表达式可以利用窗体或报表所引用的表或查询字段中的数据,也可以是窗体或报表上的其他控件中的数据。

(2)面向对象的基本概念

类是对象的抽象,而对象是类的具体实例。"控件"组中的一种控件是一个类,但在窗体上添加的一个具体的控件就是一个对象。

每一个对象具有相应的属性、事件和方法。属性是对象固有的特征;由对象发出且能够为某些对象感受到的行为动作称为事件;方法是附属于对象的行为和动作。当某一个事件发生时,方法被执行,这种执行方式称为事件驱动,这也是面向对象程序设计的基本特点。

4.常用控件及在窗体中添加控件的方法

"控件"是窗体上图形化的对象,如文本框、复选框、滚动条或命令按钮等,用于显示数据和执行操作。单击"窗体设计工具/设计"选项卡，在"控件"组中将出现各种控件按钮，如图 4-5 所示。通过这些按钮可以向窗体添加控件。

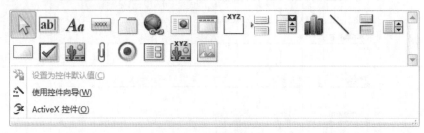

图 4-5　常用控件

（1）标签和文本框控件的应用

标签主要用来在窗体或报表上显示说明性文本。标签不显示字段或表达式的数值，它没有数据来源。当从一条记录移到另一条记录时，标签的值不会改变。

文本框主要用来输入或编辑数据，它是一种交互式控件。文本框分为绑定型、未绑定型和计算型 3 种类型。

（2）复选框、选项按钮和切换按钮控件的应用

复选框、选项按钮和切换按钮在窗体中均可以作为单独的控件使用，用于显示表或查询中的是/否型数据。当选中或按下控件时，相当于"是"状态，否则相当于"否"状态。

（3）选项组控件的应用

选项组控件是一个容器控件，它由一个组框架及一组复选框、选项按钮或切换按钮组成。可以使用选项组来显示一组限制性的选项值，只要单击选项组所需的值，就可以为字段选定数据值。在选项组中每次只能选择一个选项，而且选项组的值只能是数字，而不能是文本。

（4）列表框与组合框控件的应用

列表框和组合框为用户提供了包含一些选项的可滚动列表。在列表框中，任何时候都能看到多个选项，但不能直接编辑列表框中的数据。当列表框不能同时显示所有选项时，它将自动添加滚动条，使用户可以上下或左右滚动列表框，以查阅所有选项。在组合框中，平时只能看到一个选项，单击组合框上的向下箭头可以看到多选项的列表，也可以直接在旁边的文本框中输入一个新选项。

（5）命令按钮控件的应用

使用窗体上的命令按钮可以执行特定的操作，如可以创建命令按钮来打开另一个窗体。如果要使命令按钮响应窗体中的某个事件，从而完成某项操作，可编写相应的宏或事件过程并将它附加在命令按钮的"单击"属性中。

（6）选项卡控件的应用

利用选项卡控件可以在一个窗体中显示多页信息，操作时只需要单击选项卡上的标签，就可以在多个页面间进行切换。

（7）图像控件的应用

在窗体上设置图像控件，一般是为了美化窗体，其操作方法是：单击"控件"命令组中的"图像"命令按钮，在窗体上单击要放置图片的位置，打开"插入图片"对话框。在该对话框中找到并选中要使用的图片文件，单击"确定"按钮，即完成了在窗体上设置图片的操作。

（8）主/子窗体控件的应用

创建主/子窗体有两种方法：一种方法是使用"窗体向导"同时建立主窗体和子窗体；另一种方法是先建立主窗体，然后利用设计视图添加子窗体。

（9）图表控件的应用

图表窗体能够更直观地显示表或查询中的数据，可以使用图表控件在"图表向导"的引导下创建图表窗体。

向窗体添加控件的方法有如下两种：

① 自动添加。

② 通过在设计视图中使用控件按钮向窗体添加控件。

如果"控件"命令组中的"使用控件向导"命令处于选中状态，在创建控件时会弹出相应的向导对话框，以方便对控件的相关属性进行设置。否则，创建控件时将不会弹出向导对话框。在默认情况下，"控件向导"命令处于选中状态。

5. 窗体和控件的常用属性与事件

（1）"属性表"对话框

右击窗体或控件，快捷菜单中选择"属性"命令，或单击"窗体设计工具/设计"选项卡，在"工具"命令组中单击"属性表"命令按钮，都可以打开"属性表"对话框，如图 4-6 所示。

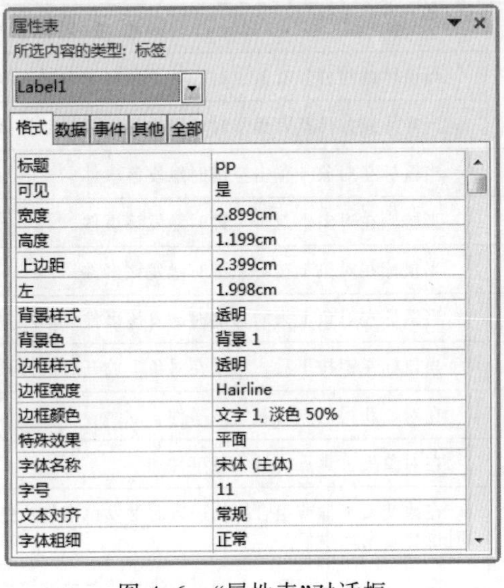

图 4-6　"属性表"对话框

（2）窗体的常用属性

窗体的属性有很多，选中某个属性时，按【F1】功能键可以获得该属性的帮助信息，这也是熟悉属性用途的好方法。窗体的常用属性有以下几种。

- 标题：表示在窗体视图中窗体标题栏上显示的文本。
- 记录选定器：决定窗体显示时是否具有记录选定器。
- 导航按钮：决定窗体运行时是否具有记录导航按钮。
- 记录源：指明该窗体的数据源。

- 允许编辑、允许添加、允许删除：它们分别决定窗体运行时是否允许对数据进行编辑修改、添加或删除操作。
- 数据输入：指定是否允许打开绑定窗体进行数据输入。

（3）控件的常用属性

在"属性表"对话框上方的下拉列表框中选择某个控件，即可显示并设置该控件的属性。下面以标签和文本框控件为例，介绍控件的常用属性。

标签控件的常用属性如下。

- 标题：表示标签中显示的文字信息。
- 特殊效果：用于设定标签的显示效果。
- 背景色、前景色：分别表示标签显示时的底色与标签中文字的颜色。
- 字体名称、字号、字体粗细、下画线、倾斜字体：这些属性值用于设定标签中显示文字的字体、字号、字形等参数，可以根据需要适当配置。

（4）窗体和控件的常用事件

对窗体和控件设置事件属性值是为该窗体或控件设定响应事件的操作流程，也就是为窗体或控件的事件处理方法编程。窗体和控件的常用事件如表 4-1 所示。

表 4-1　窗体和控件的常用事件

事 件 名 称		触 发 时 机
键盘事件	键按下	当窗体或控件具有焦点时，按下任何键时触发该事件
	键释放	当窗体或控件具有焦点时，释放任何键时触发该事件
鼠标事件	单击	当鼠标在对象上单击左键时触发该事件
	双击	当鼠标在对象上双击左键时触发该事件
	鼠标按下	当鼠标在对象上按下左键时触发该事件
	鼠标移动	当鼠标在对象上来回移动时触发该事件
	鼠标释放	当鼠标左键按下后，移至在对象上放开时触发该事件
对象事件	获得焦点	在对象获得焦点时触发该事件
	失去焦点	在对象失去焦点时触发该事件
	更改	在改变文本框或组合框的内容时触发该事件；在选项卡控件中从一页移到另一页时也会触发该事件
窗体事件	打开	在打开窗体，但第一条记录尚未显示时触发该事件
	关闭	当窗体关闭并从屏幕上删除时触发该事件
	加载	在打开窗体并且显示其中记录时触发该事件
操作事件	删除	当通过窗体删除记录，但记录被真正删除之前触发该事件
	插入前	当通过窗体插入记录，输入第一个字符时触发该事件
	插入后	当通过窗体插入记录，记录保存到数据库后触发该事件
	成为当前记录	当焦点移到记录上，使它成为当前记录时触发该事件；当窗体刷新或重新查询时也会触发该事件
	不在列表中	在组合框的文本框部分输入非组合框列表中的值时触发该事件

4.4　修　饰　窗　体

1. 控件的基本操作

（1）控件的选择

选择多个控件可以按住【Ctrl】键或【Shift】键再分别单击要选择的控件。选择全部控件可以用快捷键【Ctrl + A】，或单击"窗体设计工具/格式"选项卡，再在"所选内容"组中单击"全选"命令按钮。也可以使用标尺选择控件，方法是将指针移到水平标尺，指针变为向下箭头后，拖动鼠标到需要选择的位置。

（2）控件的移动

要移动控件，首先选择控件，然后将鼠标指向控件的边框，当指针变成四向箭头时，即可用鼠标将控件拖动到目标位置。

当单击组合控件及其附属标签的任一部分时，将显示两个控件的移动控制柄，以及所单击的控件的调整大小控制柄。如果要分别移动控件及其标签，应将指针放在控件或标签左上角处的移动控制柄上，当指针变成四向箭头时，拖动控件或标签可以移动控件或标签；如果指针移动到控件或标签的边框（不是移动控制柄）上，指针变成四向箭头时，此时将同时移动两个控件。

（3）控件的复制

要复制控件，首先选择控件，再单击"开始"选项卡，在"剪贴板"命令组中单击"复制"和"粘贴"等命令按钮。

（4）改变控件的类型

若要改变控件的类型，则要先选择该控件，然后右击，打开快捷菜单，在该快捷菜单中的"更改为"命令中选择所需的新控件类型。

（5）控件的删除

如果希望删除不用的控件，可以选中要删除的控件，按【Delete】键，或在"开始"选项卡的"记录"组中单击"删除"命令按钮。

2. 添加当前日期和时间

要使设计好的窗体显示当前的日期和时间，可以通过添加一个带有日期和时间表达式的文本框来实现。操作方法如下。

① 在窗体设计视图中打开窗体，单击"窗体设计工具/设计"选项卡，再在"页眉/页脚"命令组中单击"日期和时间"命令按钮，打开"日期和时间"对话框。

② 若只插入日期或时间，则在对话框中选择"包含日期"或"包含时间"复选框，也可以全选。选择某项后，再选择日期或时间格式，然后单击"确定"按钮，此时在窗体中会添加相应显示的文本框。

3. 窗体的布局及格式调整

（1）改变控件的尺寸

对于控件大小的调整，既可以通过其"宽度"和"高度"属性来设置，也可以直接拖动控件的大小控制柄。单击要调整大小的一个控件或多个控件，拖动调整大小控制柄，直到控件变为所需的大小。如果选择多个控件，所选的控件都会随着拖动第一个控件的调整大小控制柄而更改大小。

　　如果要调整控件的大小以容纳其显示内容，则选择要调整大小的一个或多个控件，然后在"窗体设计工具/排列"选项卡的"调整大小和排序"组中单击"大小/空格"命令按钮，在弹出的菜单中选择"正好容纳"命令，将根据控件显示内容确定其宽度和高度。

　　（2）统一调整控件之间的相对大小

　　首先选择需要调整大小的控件，然后"大小/空格"命令按钮的下拉菜单中选择下列其中一项命令："至最高"命令使选定的所有控件调整为与最高的控件同高；"至最短"命令使选定的所有控件调整为与最短的控件同高；"至最宽"命令使选定的所有控件调整为与最宽的控件同宽；"至最窄"命令使选定的所有控件调整为与最窄的控件同宽。

　　（3）设置多个控件对齐时

　　先选中需要对齐的控件，然后在"窗体设计工具/排列"选项卡的"调整大小和排序"组中单击"对齐"命令按钮，再在下拉菜单中选择"靠左"或"靠右"命令，这样保证了控件之间垂直方向对齐；选择"靠上"或"靠下"命令，则保证水平对齐。选择"对齐网格"命令，则以网格为参照，选中的控件自动与网格对齐。

　　在水平对齐或垂直对齐的基础上，可进一步设定等间距。假设已经设定了多个控件垂直方向对齐，则选择"大小/空格"下拉菜单的"垂直相等"菜单命令。

4.5　窗体实训

1. 实验目的

① 掌握窗体创建的方法。

② 掌握向窗体中添加控件的方法。

③ 掌握窗体的常用属性和常用控件属性的设置。

2. 实验内容和要求

① 创建窗体。

② 修改窗体，添加控件，设置窗体及常用控件属性。

实训 1　创 建 窗 体

1. 使用"窗体"按钮创建"教师"窗体

操作步骤如下：

① 打开"教学管理.accdb"数据库，在导航窗格中，选择作为窗体的数据源"教师"表，在功能区"创建"选项卡的"窗体"组，单击"窗体"按钮，窗体创建完成，并以布局视图显示，如图 4-7 所示。

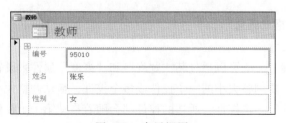

图 4-7　布局视图

②　在快捷工具栏，单击"保存"按钮，在弹出的"另存为"对话框中输入窗体的名称"教师"，然后单击"确定"按钮。

2. 使用"自动创建窗体"方式

要求：在"教学管理.accdb"数据库中创建一个"纵栏式"窗体，用于显示"教师"表中的信息。

操作步骤：

①　打开"教学管理.accdb"数据库，在导航窗格中，选择作为窗体的数据源"教师"表，在功能区"创建"选项卡的"窗体"组，单击"窗体向导"按钮，如图 4-8 所示。

图 4-8　窗体向导按钮

②　打开"窗体向导"对话框中，如图 4-9 所示。在"表/查询"下拉列表中光标已经定位在所学要的数据源"教师"表，单击 >> 按钮，把该表中全部字段送到"选定字段"窗格中，单击"下一步"按钮。

③　在打开的对话框中，选择"纵栏式"，如图 4-10 所示。单击"下一步"按钮。

④　在打开的对话框中，输入窗体标题"教师"，选取默认设置"打开窗体查看或输入信息"，单击"完成"按钮，如图 4-11 所示。

⑤　这时打开窗体视图，看到了所创建窗体的效果，如图 4-12 所示。

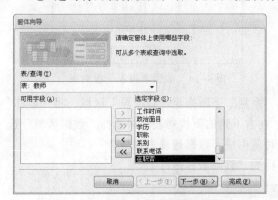

图 4-9　"请确定窗体上使用哪些字段"对话框

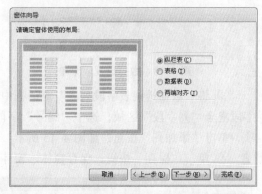

图 4-10　"请确定窗体使用的布局"对话框

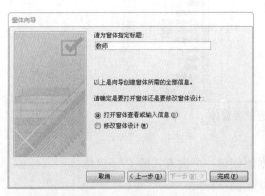

图 4-11　输入窗体标题"教师"

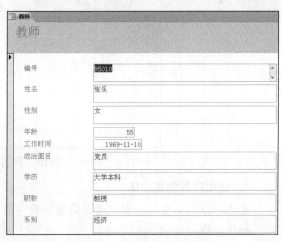

图 4-12　"纵栏式"窗体

3. 使用"自动窗体"方式创建"数据透视表"窗体

要求：以"教师"表为数据源自动创建一个"数据透视表"窗体，用于计算各学院不同职称的人数。

操作步骤：

① 在导航窗格中，选择"表"对象，选中"教师"表，"创建"选项卡→"窗体"组，单击"其他窗体"下拉按钮，选择"数据透视表"，出现"数据透视表工具/设计"选项卡。如图 4-13 所示。

② 单击"显示/隐藏"组中的"字段列表"按钮，弹出"数据透视表字段列表"对话框，如图 4-14 所示。

图 4-13 数据透视表菜单

图 4-14 数据透视表字段列表

③ 将"数据透视表字段列表"对话框中的"系别"字段拖至"行字段"区域，将"职称"字段拖至"列字段"区域，选中"编号"字段，在右下角的下拉列表框中选择"数据区域"选项，单击"添加到"按钮，如图 4-15 所示。这时就生成了数据透视表窗体。

④ 单击"保存"按钮，保存窗体，窗体名称为"教师职称统计"。

图 4-15 数据透视表窗体

4. 使用向导创建窗体

要求：以"学生"表和"选课成绩"表为数据源创建一个嵌入式的主/子窗体。

操作步骤：

① 在数据库窗口的"窗体"对象下，双击"使用向导创建窗体"选项，打开"窗体向导"

对话框。

② 在"窗体向导"对话框中，在"表/查询"下拉列表框中，选中"表：学生"，并将其全部字段添加到右侧"选定字段"中；再选择"表：选课成绩"，并将全部字段添加到右侧"选定字段"中。

③ 单击"下一步"，在弹出的窗口中，查看数据方式选择"通过学生"，并选中"带有子窗体的窗体"选项。

④ 单击"下一步"，子窗体使用的布局选择"数据表"选项。

⑤ 单击"下一步"，所用样式选择"标准"选项。

⑥ 单击"下一步"，将窗体标题设置为"学生"，"子窗体"标题设置为"选课成绩"。

⑦ 单击"完成"按钮，结果如图 4-16 所示。单击"保存"按钮，保存窗体为"主子窗体"。

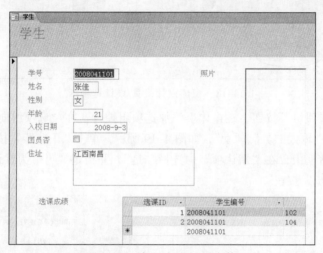

图 4-16 嵌入式的主/子窗体

5. 在设计视图中创建窗体

要求：以"学生"表的备份表"学生的副本"为数据源创建一个窗体，用于输入学生信息。

操作步骤：

① 在导航窗格中，选中"学生"表，选择"文件"→"对象另存为"，保存为"学生的副本"。

② 选中"学生的副本"表，单击"打开"按钮，在数据表视图下，将指针定位到"性别"字段任一单元格中，单击"编辑"→"替换"菜单命令，查找"男"，全部替换为 1，查找"女"，全部替换为 2，替换完成后关闭"学生的副本"表。

③ 在导航窗格中，选择"学生的副本"表，单击"创建"选项卡→"窗体"组→"窗体设计"按钮，建立窗体，显示"字段列表"。（"字段列表"可通过"窗体设计工具/设计"选项卡→"工具"组→"添加现有字段"按钮来切换显示/隐藏。）

④ 分别将字段列表窗口中的"学生编号"、"姓名"、"团员否"、"住址"、"性别"（特别注意图中未显示的性别字段）字段拖放到窗体的主体节中，并按图 4-17 调整好它们的大小和位置。

⑤ 在"窗体设计工具/设计"选项卡→"控件"组选择"使用控件向导"，如图 4-18 所示。

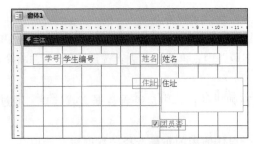

图 4-17　设计窗体中添加的空间位置

图 4-18　窗体设计工具/设计选项卡

⑥ 再单击"选项组"按钮，在窗体上添加选项组控件。在"选项组向导"对话框"标签名称"列表框中分别输入"男"、"女"，如图 4-19 所示，单击"下一步"按钮。

⑦ 在弹出对话框中，在"默认项"中选择"是"，并指定"男"为默认选项，如图 4-20 所示，单击"下一步"按钮。

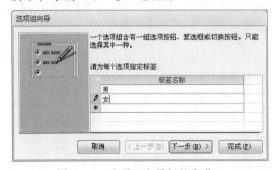

图 4-19　选项组向导标签名称

图 4-20　确定默认值

⑧ 在弹出对话框中，设置"男"选项值为 1，"女"选项值为 2，如图 4-21 所示，单击"下一步"按钮。

⑨ 在弹出对话框中，选中"在此字段中保存该值"单选按钮，并选中"性别"字段。如图 4-22 所示，单击"下一步"按钮。

⑩ 在弹出对话框中，选择"选项按钮"和"蚀刻"样式，如图 4-23 所示。

⑪ 单击"下一步"按钮，在弹出对话框中输入标题为"性别"，如图 4-24 所示。单击"完成"按钮。再删除性别标签和文本框。

⑫ 在"窗体设计工具/设计"选项卡→"控件"组单击"使用控件向导"，再单击"命令按钮"，在窗体上添加命令按钮控件。在出现对话框中选择"记录操作"选项，然后在"操作"列表中选择"添加新记录"，如图 4-25 所示。

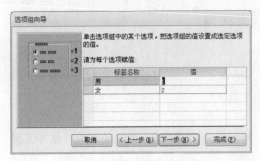

图 4-21 设置选项组的值

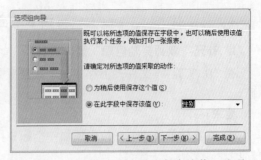

图 4-22 选择"在此字段中保存该值"选项

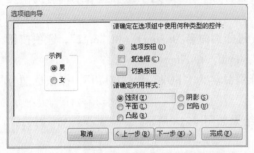

图 4-23 确定在选项空间组中使用何种类型的
控件及样式

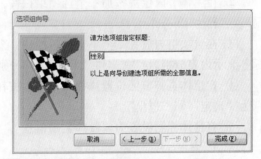

图 4-24 为选项组指定标题

⑬ 单击"下一步"按钮，在弹出对话框中选择"文本"，文本框内容为"添加记录"。单击"下一步"按钮，在弹出对话框中为命令按钮命名，选默认值，然后单击"完成"按钮，如图 4-26 所示。用同样的方法，继续创建其他命令按钮。

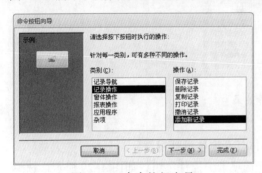

图 4-25 命令按钮向导

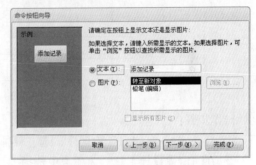

图 4-26 确定命令按钮显示文本

⑭ 保存窗体，窗体名称为"学生信息添加"，如图 4-27 所示。

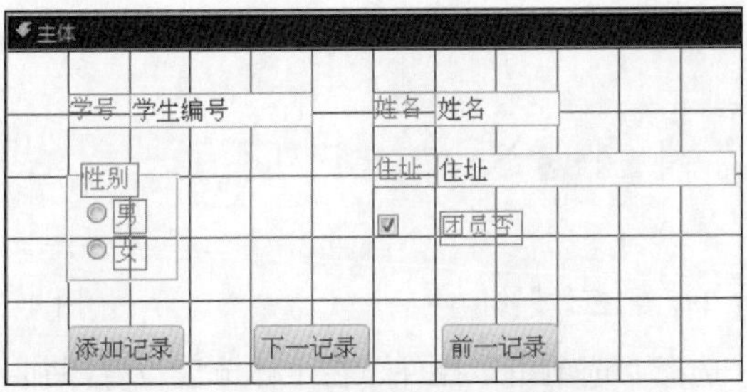

图 4-27 设计视图创建学生窗体效果

实训 2　窗体综合应用

1. 补充"教师奖励信息"窗体设计

在"D:\实验 4"文件夹下存在一个数据库文件"Access 4-1",里面已经设计好窗体对象"教师"。

要求:

① 在窗体的页眉节区位置添加一个标签控件,其名称为"bTitle",标题显示为"教师奖励信息"。

② 在主体节区位置添加一个选项组控件,将其命名为"opt",选项组标签显示内容为"奖励",名称为"bopt"。

③ 在选项组内放置 2 个单选按钮控件,选项按钮分别命名为"opt1"和"opt2",选项按钮标签显示内容分别为"有"和"无",名称分别为"bopt1"和"bopt2"。

④ 在窗体页脚节区位置添加两个命令按钮,分别命名为"bOk"和"bQuit",按钮标题分别为"确定"和"退出"。

⑤ 将窗体标题设置为"教师奖励信息",设计结果如图 4-28 所示。

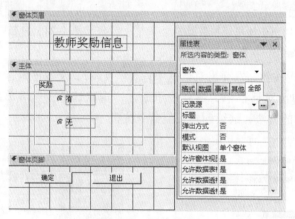

图 4-28　设计效果

操作步骤:

① 打开"Access 4-1"数据库,选"教师"窗体打开窗体设计视图。

② 在"窗体设计工具"选项卡中选择"设计"选项卡"控件"组,如图 4-29 所示,选择"标签"控件,在窗体页眉节区位置添加一个标签控件。在"属性表"窗格中选择"格式"选项卡,如图 4-30 所示,修改标题"教师奖励信息"。

图 4-29　"控件"组

图 4-30　修改"标题"属性

③ 在"控件"组中,选择"选项组"控件,在主体节区位置添加一个选项组控件。在"控件"组中选择"选项按钮"控件,在选项组内放置二个单选按钮控件。

④ 在工具箱中选择 "命令按钮" 控件，在窗体页脚节区位置添加两个命令按钮。

⑤ 打开属性窗中，进行属性设置，各对象属性设置如表 4-2 所示。

⑥ 保存窗体，单击工具栏中 "视图" 按钮切换到窗体视图，查看窗体效果。

表 4-2 "教师奖励信息"窗体中对象的属性设置

对　象	属 性 名	属 性 值
标签	名称	bTitle
选项组	名称	opt
选项组的标签	名称	bopt
	标题	奖励
选项按钮	名称	opt1
	标题	有
选项按钮	名称	opt2
	标题	无
命令按钮	名称	bok
	标题	确定
命令按钮	名称	bQuit
	标题	退出
窗体	标题	教师奖励信息

2. 补充 "测试窗体" 设计

在 "D:\实验 4" 文件夹下，存在一个数据库文件 "Access 4-2"，里面已经设计好窗体对象 "fTest" 及宏对象 "m1"。

要求：

① 在窗体页眉节区位置添加一个标签控件，其名称为 "bTitle"，标题显示为 "窗体测试样例"。

② 在窗体主体节区内添加 2 个复选框控件，复选框选项按钮分别命名为 "opt1" 和 "opt2"，对应的复选框标签显示内容分别为 "类型 a" 和 "类型 b"，标签名称分别为 "bopt1" 和 "bopt2"。

③ 分别设置复选框选项按钮 opt1 和 opt2 的 "默认值" 属性为假值。

④ 在窗体页脚节区位置添加一个命令按钮，命名为 "bTest"，按钮标题为 "测试"。

⑤ 设置命令按钮 bTest 的单击事件属性为给定的宏对象 m1。

⑥ 将窗体标题设置为 "测试窗体"，设计结果如图 4-31 所示。

操作步骤：

① 打开 "Access 4-2" 数据库，选择 "fTest" 窗体，打开窗体设计视图。

② 在 "窗体设计工具" 选项卡中选择 "设计" 选项卡→ "控件" 组，如图 4-29 所示。在窗体页眉节区位置添加一个标签控件，在 "属性" 窗格 "格式" 选项卡修改标题 "窗体测试样例"。

③ 在工具箱中选择 "复选框按钮" 控件，在窗体主

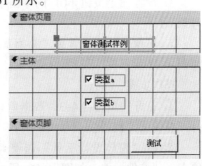

图 4-31 测试窗体

体节区位置添加 2 个复选框按钮控件。

④ 在工具箱中选择"命令按钮"控件，在窗体页脚节区位置添加一个命令按钮。

⑤ 进行属性设置，各对象属性设置如表 4-3 所示。

⑥ 保存窗体，切换到窗体视图，查看效果。

表 4-3　"测试窗体"中对象的属性设置

对　　象	属 性 名	属 性 值
标签	名称	bTitle
复选框	名称	opt1
	默认值	=False
复选框的标签	标题	类型 a
	名称	bopt1
复选框	名称	opt2
	默认值	=False
复选框的标签	标题	类型 b
	名称	Bopt2
命令按钮	名称	bTest
	标题	测试
	单击	m1
窗体	标题	测试窗体

3. 补充"教师基本信息"窗体设计

在"D:\实验 4"文件夹下，存在一个数据库文件"Access 4-3"，里面已经设计好表对象"tTeacher"、窗体对象"fTest"和宏对象"m1"。

要求：

① 在窗体页眉节区位置添加一个标签控件，其名称为"bTitle"，初始化标题显示为"教师基本信息输出"。

② 将主体节区中"学历"标签右侧的文本框显示内容设置为"学历"字段值，并将该文本框名称更名为"tBG"。

③ 在窗体页脚节区位置添加一个命令按钮，命名为"bOk"，按钮标题为"刷新标题"。

④ 设置命令按钮 bOk 的单击事件属性为给定的宏对象 m1。

⑤ 将窗体标题设置为"教师基本信息"，设计结果如图 4-32 所示。

操作步骤：

① 打开"Access 4-3"数据库，选"fTest"窗体，打开窗体设计视图。

② 在"窗体设计工具"选项卡中选择"设计"选项卡→"控件"组，如图 4-29 所示。在窗体页眉节区

图 4-32　教师基本信息窗体设计视图

位置添加一个标签控件，在"属性"窗口中"格式"选项卡修改标题"教师基本信息输出"。

③ 在"窗体设计工具"选项卡中选择"设计"选项卡 → "控件"组，如图 4-29 所示。在窗体页脚节区位置添加一个命令按钮。

④ 选中"学历"标签右侧的文本框，在属性窗口"数据"选项卡中设置属性"控件来源"为"学历"，如图 4-33 所示。在"其他"选项卡中将"名称"属性更改为"tBG"。

⑤ 设置其他属性，各对象及其属性设置如表 4-4 所示。

⑥ 保存窗体，切换到窗体视图，查看效果。

图 4-33　学历文本框空间来源设置

表 4-4　"教师基本信息"中对象的属性设置

对　　象	属 性 名	属 性 值
标签	名称	bTitle
命令按钮	名称	bok
	标题	刷新标题
	单击	m1
窗体	标题	教师基本信息

4. 补充"库存浏览"窗体设计

在"D:\实验 4"文件夹下，存在一个数据库文件"Access 4-4"，里面已经设计好表对象"tNorm"和"tStock"，查询对象"qStock"和宏对象"m1"，同时还设计出以"tNorm"和"tStock"为数据源的窗体对象"fStock"和"fNorm"。

要求：

① 在"fStock"窗体对象的窗体页眉节区位置添加一个标签控件，其名称为"bTitle"，初始化标题显示为"库存浏览"，字体名称为"黑体"，字号大小为 18，字体粗细为"加粗"。

② 在"fStock"窗体对象的窗体页脚节区位置添加一个命令按钮，命名为"bList"，标题为"显示信息"。

③ 设置所建命令按钮 bList 的单击事件属性为运行宏对象 m1。

④ 将"fStock"窗体的标题设置为"库存浏览"。

⑤ 将"fStock"窗体对象中的"fNorm"子窗体的导航按钮去掉。修改后的窗体如图 4-34 所示。

操作步骤：

① 打开"Access 4-4"数据库，选择"fStock"窗体，打开窗体的设计视图。

② 在窗体页眉节区位置添加一个标签控

图 4-34　库存浏览窗体设计视图

件，输入标题"库存浏览"，在属性窗口设置属性，"名称"设置为"bTitle"，"字体名称"设置为"黑体"，"字号大小"设置为18，"字体粗细"设置为"加粗"。将"fStock"窗体对象的"标题"属性设置为"库存浏览"。

③ 在"fStock"窗体对象的窗体页脚节区位置添加一个命令按钮控件，"名称"属性设置为"bList"，"标题"属性设置为"显示信息"，"单击"属性设置为m1。

④ 单击"fNorm"子窗体中标尺左边的窗体选择按钮，选中子窗体，设置"导航按钮"属性为"否"。

⑤ 保存窗体，切换到窗体视图，查看效果。

5. 补充"控件布局设计"窗体设计

在"D:\实验4"文件夹下，存在一个数据库文件"Access 4-5"，里面已经设计好窗体对象fTest，窗体上有3个命令按钮，其中"bt1"和"bt2"2个命令按钮大小一致，且上对齐。

要求：

① 在窗体页眉节区位置添加一个标签控件，其名称为"bTitle"，初始化标题显示为"控件布局设计"，字体为"宋体"，字号大小为14，字体粗细为"加粗"。

② 调整命令按钮"bt3"的大小与位置。调整命令按钮"bt3"的大小尺寸与命令按钮"bt1"相同、上边界与命令按钮"bt1"上对齐、水平位置处于命令按钮"bt1"和"bt2"的中间。注意，不允许更改命令按钮"bt1"和"bt2"的大小和位置。

③ 更改3个命令按钮的Tab键移动顺序为：bt1→bt2→bt3→bt1→…。

④ 将窗体的滚动条属性设置为"两者均无"，设计效果如图4-35所示。

操作步骤：

① 打开"Access 4-5"数据库，选择"fTest"窗体，打开窗体设计视图。

② 在窗体页眉节区位置添加一个标签控件，输入标题"控件布局设计"，将"名称"属性设置为"bTitle"，"字号"设置为14，"字体粗细"设置为"加粗"。

图4-35　"控件布局设计"设计视图

③ 选中命令按钮"bt1"和"bt3"，选择"排列"选项卡→"调整大小和排序"组→"至最短"菜单命令，再选择"排列"选项卡→"调整大小和排序"组→"大小"→"至最宽"菜单命令，调整命令按钮"bt3"的大小尺寸和"bt1"相同。

④ 选中命令按钮"bt1"和"bt3"，选择"格式"→"对齐"→"靠下"菜单命令，使"bt1"和"bt3"上对齐。

⑤ 选中命令按钮"bt1"、"bt2"和"bt3"，选择"格式"→"水平间距"→"相同"菜单命令，使按钮"bt3"水平位置处于按钮"bt1"和"bt2"的中间。

⑥ 选中"bt2"命令按钮，将"Tab键索引"属性设置为1，选中"bt3"命令按钮，将"Tab键索引"属性设置为2。

⑦ 将窗体的滚动条属性设置为"两者均无"。

⑧ 保存窗体，切换到窗体视图，查看效果。

思考与练习

一、判断题

1. 使用自动创建窗体功能来创建窗体，只能选择一个数据来源表或查询中的不同字段。
（　　）

2. 使用窗体向导来创建窗体，只能选择一个来源表或查询中的字段。（　　）

3. 使用窗体向导来创建窗体，用户可以对创建的窗体任意命名。（　　）

4. 选项组控件可以在选项组中选择多个选项。（　　）

5. 文本框控件的数据源来自于文本框控件的标题属性。（　　）

6. 文本框可以作为绑定或未绑定控件来使用。（　　）

7. 标签控件的数据源来自于表或键盘输入的信息。（　　）

8. 在窗体的设计视图中，筛选操作是不可以使用的。（　　）

9. 用于显示记录的绑定到字段的一组控件，应该将其放置在窗体的主体节中。（　　）

10. 文本框属于容器型控件。（　　）

11. 通过超链接不能实现从当前 Web 页跳转到 Access 上的窗体。（　　）

12. 列表和组合框之间的区别是组合框除包含一个可以接受输入的文本框外，还可以从下拉
列表中选择一个值。（　　）

13. 可以在选项组中选择多个选项论述是错误的。（　　）

14. 矩形是属于容器型控件的。（　　）

15. 创建窗体的数据源只能是报表。（　　）

16. 窗体主要由页眉、页脚和主体 3 个部分组成。（　　）

17. 窗体页眉用于在每一页的顶部显示标题。（　　）

18. 窗体可以用来帮助用户查看或输出存储在数据库中数据的信息，但通过窗体用户不可
以输入数据记录。（　　）

19. 窗体对象有设计视图、数据表视图和窗体视图三种视图。（　　）

20. 标签可以作为绑定或未绑定控件来使用。（　　）

21. 报表中的数据是不能作为数据访问页的数据源的。（　　）

22. 绑定型控件与未绑定型控件之间的区别是未绑定控件没有控件来源属性，而绑定控件
具有控件来源属性。（　　）

23. 绑定型控件与未绑定型控件之间的区别是未绑定控件可以放置在窗体任意位置，而绑
定控件只能放置在窗体的固定位置。（　　）

24. 事件是窗体的属性窗口中的选项卡之一。（　　）

二、选择题

1. （　　）不属于窗体的作用。

A. 显示和操作数据

B. 窗体由多个部分组成，每个部分称为一个"节"

C. 提供信息，及时告诉用户即将发生的动作信息

D. 控制下一步流程

2. （　　　）代表一个或一组操作。

　　A. 标签　　　　　　　B. 命令按钮　　　C. 文本框　　　　　　　D. 组合框

3. （　　　）是一个或多个操作的集合，每个操作实现特定的功能。

　　A. 窗体　　　　　　　B. 报表　　　　　C. 查询　　　　　　　　D. 宏

4. （　　　）位于 Access 主窗体的最底部，用于显示数据库管理系统进行数据管理是的工作状态。

　　A. 标题栏　　　　　　B. 工具栏　　　　C. 菜单栏　　　　　　　D. 状态栏

5. Access 中，窗体上显示的字段为表或（　　　）中的字段。

　　A. 报表　　　　　　　B. 查询　　　　　C. 标签　　　　　　　　D. 数据访问页

6. 表格式窗体同一时刻能显示（　　　）。

　　A. 1 条记录　　　　　B. 2 条记录　　　C. 3 条记录　　　　　　D. 多条记录

7. 不是窗体必备的组件是（　　　）。

　　A. 节　　　　　　　　B. 控件　　　　　C. 数据来源　　　　　　D. 都需要

8. 不是窗体控件的是（　　　）。

　　A. 表　　　　　　　　B. 标签　　　　　C. 文本框　　　　　　　D. 组合框

9. 不属于 Access 的窗体视图的是（　　　）。

　　A. 设计　视图　　　　B. 查询　视图　　C. 窗体　视图　　　　　D. 数据表　视图

10. 窗体的节中，在窗体视图窗口中不会显示（　　　）的内容。

　　A. 窗体页眉和页脚　　B. 主体　　　　　C. 页面页眉和页脚　　　D. 都显示

11. 窗体的控件类型有（　　　）。

　　A. 结合型　　　　　　B. 非结合型　　　C. 计算型　　　　　　　D. 以上都可以

12. 窗体是 Access 数据库中的一种对象，通过窗体用户不能完成的功能是（　　　）。

　　A. 输入数据　　　　　　　　　　　　　B. 编辑数据

　　C. 存储数据　　　　　　　　　　　　　D. 显示和查询表中的数据

13. 窗体页眉用于（　　　）。

　　A. 在每一页的顶部显示标题　　　　　　B. 在每一页的底部显示信息

　　C. 用于显示窗体的使用说明　　　　　　D. 显示窗体标题

14. 窗体有（　　　）种视图方式。

　　A. 2　　　　　　　　B. 3　　　　　　　C. 4　　　　　　　　　D. 5

15. 窗体中的窗体称为（　　　），包含子窗体的基本窗体称为（　　　）。

　　A. 子窗体；主窗体　　　　　　　　　　B. 表格式窗体；主窗体

　　C. 数据表窗体；子窗体　　　　　　　　D. 主窗体；子窗体

16. 窗体中的信息主要有（　　　）。

　　A. 结合型信息和非结合型信息

　　B. 动态信息和静态信息

　　C. 用户自定义信息和系统信息

　　D. 设计窗体时附加的提示信息和所处理表和查询的记录

17. 创建窗体的数据源不能是（　　　）。

　　A. 一个表　　　　　　　　　　　　　　B. 一个单表创建的查询

　　C. 一个多表创建的查询　　　　　　　　D. 报表

18. 打开窗体后,通过工具栏上的"视图"按钮可以切换的视图不包括( )。

    A. 窗体视图   B. SQL 视图   C. 设计视图   D. 数据表视图

19. 当窗体中的内容需要多页显示时,可以使用( )控件来进行分页。

    A. 组合框   B. 选项卡   C. 选项组   D. 子窗体/子报表

20. 每个窗体最多包含( )种节。

    A. 3   B. 4   C. 5   D. 6

21. 能够将一些内容罗列出来供用户选择的控件是( )。

    A. 组合框控件   B. 复选框控件   C. 文本框控件   D. 选项卡控件

22. 下列关于窗体的错误说法是( )。

    A. 可以利用表或查询作为表的数据库源来创建一个数据输入窗体

    B. 可以将窗体用作切换面板,打开数据库中的其他窗体和报表

    C. 窗体可以用作自定义对话框,来支持用户的输入及根据输入项执行操作

    D. 在窗体的数据表视图中不能修改记录

23. 下列关于主、子窗体的叙述,错误的是( )。

    A. 主、子窗体必须有一定的关联,在主、子窗体中才可显示相关数据

    B. 子窗体只能显示为单一窗体

    C. 如果数据表内已建立了子数据工作表,则对该表自动产生窗体时也会自动显示子窗体

    D. 子窗体的来源可以是数据表、查询或另一个窗体

24. 下面关于窗体的作用叙述错误的是( )。

    A. 可以接收用户输入的数据或命令   B. 可以编辑、显示数据库中的数据

    C. 可以构造方便美观的输入/输出界面   D. 可以直接储存数据

25. 以下不是窗体的组成部分的是( )。

    A. 窗体设计器   B. 窗体页眉   C. 窗体主体   D. 窗体页脚

26. 以下不是窗体控件的是( )。

    A. 组合框   B. 文本框   C. 表   D. 命令按钮

27. 用于显示窗体的标题、说明,或者打开相关窗体或运行某些命令的控件应该放在窗体的( )节中。

    A. 窗体页眉的内容只在第一页上打印   B. 主体

    C. 页面页眉   D. 页面页脚

28. 在窗体中,标签的"标题"是标签控件的( )。

    A. 自身宽度   B. 名字   C. 大小   D. 显示内容

29. 纵栏式窗体同一时刻能显示( )。

    A. 1 条记录   B. 2 条记录   C. 3 条记录   D. 多条记录

三、简答题

1. 窗体在数据库应用系统开发中有什么作用?

2. 窗体有几种视图?各有什么作用?

3. 在 Access 2010 中创建窗体有哪几种方法?

4. 使用窗体设计视图创建窗体的一般过程是什么?

5. 什么是控件?控件可以分为哪几类?

第 5 章

报 表

Access 使用报表对象来实现数据打印功能，而且可以在报表中实现数据计算。建立报表和建立窗体的过程基本相同，只是窗体最终显示在屏幕上，而报表除了显示外，还可以打印出来。

5.1 认 识 报 表

1. 报表的类型

根据报表中字段数据的显示位置，Access 报表分为 4 种类型：纵栏式报表、表格式报表、图表报表和标签报表。

2. 报表的视图

Access 2010 为报表操作提供了 4 种视图："报表视图"、"打印预览"、"布局视图"和"设计视图"，如图 5-1 所示。

图 5-1　报表视图

5.2 报表的创建

1. 使用自动方式创建报表

自动方式创建报表是一种通过指定数据源（仅基于一个表或查询），由系统自动生成包含数据源所有字段的报表的创建方法，是创建报表最快捷的方法，但它提供的对报表结构和外观的控制最少，因此报表形式简单。

使用自动方式创建报表的方法是：先选中要作为报表数据源的表或查询，然后在"创建"选项卡的"报表"组中单击"报表"命令按钮，系统自动生成纵栏式报表。

2. 使用手动方式创建报表

使用手动方式创建报表，是指需要从表的字段列表中选择所需字段，然后将其添加到报表中。空报表不会自动添加任何控件，而是显示"字段列表"窗格，通过手动添加表中的字段来设计报表。

3. 使用向导创建报表

如果报表中的数据来自于多个表或查询，则可以使用向导，向导将引导用户完成创建报表的任务。通过向导还可以创建图表报表和标签报表。

（1）使用报表向导创建报表

打开报表向导的方式与自动方式相同，单击要作为报表数据基础的数据表，在"报表"命令组中单击"报表向导"命令按钮。

使用报表向导创建报表，会提示用户输入相关的数据源、字段和报表版面格式等信息，根据向导提示可以完成大部分报表设计的基本操作，因此加快了创建报表的过程。

（2）使用标签向导创建标签

在实际应用中，标签的应用范围十分广泛，它是一种特殊形式的报表。在 Access 2010 中，可以使用标签向导快速地制作标签。

4. 使用设计视图创建报表

打开数据库，单击"创建"选项卡，再在"报表"组中单击"报表设计"命令按钮，可以打开报表设计视图窗口，如图 5-2 所示。

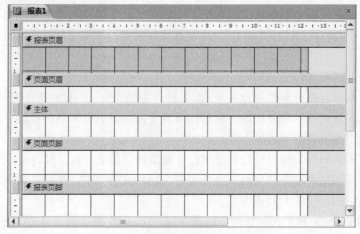

图 5-2　报表设计视图的组成部分

报表由 5 部分组成：报表页眉、页面页眉、主体、页面页脚、报表页脚。报表设计视图中的每个部分称为一个节，每一节左边的小方块是相应的节选定器，报表左上角的小方块是报表选定器，双击相应的选定器可以打开"属性表"对话框设置相应节或报表的属性。

利用报表设计视图设计报表的主要步骤如下：

① 创建一个新报表或打开已有报表，打开报表设计视图。

② 为报表添加数据源。

③ 向报表中添加控件。

④ 设置控件的属性，实现数据显示及运算。

⑤ 保存报表并预览。

打开报表设计视图后，新增了"报表设计工具"选项，其中包括"设计"、"排列"、"格式"和"页面设置"4 个选项卡，各个选项卡中包含许多报表设计命令。在"设计"选项卡"控件"组的"控件"命令按钮中，包含许多报表设计对象，如文本框、标签、复选框、选项组、列表框等，它们在报表设计过程中经常用到。"控件"是设计报表的重要工具，其操作方法与窗体设计中采用的操作方法相同。

5.3 报表的编辑

1. 报表的修饰

（1）添加徽标

在报表中添加徽标的操作步骤是：使用设计视图打开报表，在"报表设计工具/设计"选项卡的"页眉/页脚"组中单击"徽标"命令按钮，打开"插入图片"对话框。在"插入图片"对话框中，选择图片所在的目录及图片文件，单击"确定"按钮。

（2）添加当前日期和时间

在报表设计视图中给报表添加当前日期和时间的操作方法是：使用设计视图打开报表，在"报表设计工具/设计"选项卡的"页眉/页脚"命令组中单击"日期和时间"命令按钮，在打开的"日期和时间"对话框中选择显示日期和时间及显示格式，最后单击"确定"按钮即可。

此外，也可以在报表上添加一个文本框，然后设置其"控件来源"属性为日期或时间的计算表达式，如"= Date()"或"= Time()"。此种方法也可显示日期或时间，该控件可安排在报表的任何节中。

（3）添加分页符和页码

要在报表中使用分页符来控制分页显示，其操作方法是：使用设计视图打开报表，单击"控件"组中的"插入分页符"命令按钮，再选择报表中需要设置分页符的位置，然后单击，分页符会以短虚线标记在报表的左边界上。

在报表中添加页码的操作方法是：使用设计视图打开报表，在"报表设计工具/设计"选项卡的"页眉和页脚"组中单击"页码"命令按钮，然后在打开的"页码"对话框中，根据需要选择相应的页码格式、位置和对齐方式。

在 Access 中，Page 和 Pages 是两个内置变量，[Page]代表当前页号，[Pages]代表总页数。可以利用字符运算符"&"来构造一个字符表达式，将此表达式作为页面页脚节中一个文本框控件的"控件来源"属性值，这样就可以输出页码了。例如，用表达式"= "第" & [page] &"页""来打印页码，其页码形式为"第×页"，而用表达式"= "第" & [page] & "页，共" & [Pages] & "页""来打印页码，其页码形式为"第×页，共×页"。

（4）添加线条和矩形

在报表上绘制线条的操作方法是：使用设计视图打开报表，单击"控件"组中的"直线"按钮，然后单击报表的任意处可以创建默认长度的线条，或通过单击并拖动的方式创建任意长度的线条。

在报表上绘制矩形的操作方法是：使用设计视图打开报表，单击"控件"命令组中的"矩形"命令按钮，然后单击报表的任意处可以创建默认大小的矩形，或通过拖动方式创建任意大小的矩形。

2. 报表的外观设计

（1）使用报表主题格式设定报表外观

Access 2010 提供了许多主题格式，用户可以直接在报表上套用某个主题格式。

完成后，报表的样式将应用到报表上，主要影响报表以及报表控件的字体、颜色以及边框属性。设定主题格式之后，还可以继续在"属性表"对话框中修改报表的格式属性。

（2）使用报表属性设定报表外观

在报表的属性表中，可以修改报表的格式属性来设定报表的外观，比如报表大小、边框样式等。报表自身的一些控件，例如，关闭按钮、最大化按钮、最小化按钮、滚动条等，可以在属性表中设置是否显示。

根据需要，还可以设置背景图片的其他属性，包括"图片类型"、"图片缩放模式"和"图片对齐方式"等属性。

3. 报表的排序、分组

（1）记录排序

通常情况下，报表中的记录是按照数据输入的先后顺序排列显示的。如果需要按照某种指定的顺序排列记录数据，可以使用报表的排序功能。

（2）记录分组

分组是指将某个或几个字段值相同的记录划分为一组，然后可以实现同组数据的统计和汇总。分组统计通常在报表设计视图的组页眉节和组页脚节中进行。

各分组属性的含义如下。

- "有/无页眉节"属性、"有/无页脚节"属性：用于设定是否显示该组的组页眉和组页脚，以创建分组级别。
- 设置汇总方式和类型：指定按哪个字段进行汇总以及如何对字段进行统计计算。
- 指定在同一页中是打印组的全部内容，还是打印部分内容。

这里设定"有页脚节"，并在"性别页脚"节中添加"性别"字段文本框，"平均年龄"标签以及求平均年龄的计算字段，同时删除原来"主体"节的内容。

5.4　报表的高级设计

1. 报表统计计算

报表节中的统计计算规则：在 Access 中，报表是按节来设计的，选择用来放置计算型控件的报表节是很重要的。对于使用 Sum、Avg、Count、Min、Max 等聚合函数的计算型控件，Access 将根据控件所在的位置（选中的报表节）确定如何计算结果。具体规则如下：

① 如果计算型控件放在报表页眉节或报表页脚节中，则计算结果是针对整个报表的。

② 如果计算型控件放在组页眉节或组页脚节中，则计算结果是针对当前组的。

③ 聚合函数在页面页眉节和页面页脚节中无效。

④ 主体节中的计算型控件对数据源中的每一行打印一次计算结果。

2. 利用计算型控件进行统计运算

在 Access 中，利用计算型控件进行统计运算并输出结果有两种操作形式：针对一条记录的横向计算和针对多条记录的纵向计算。

（1）针对一条记录的横向计算

对一条记录的若干字段求和或计算平均值时，可以在主体节内添加计算型控件，并设置计算型控件的"控件来源"属性为相应字段的运算表达式即可。

（2）针对多条记录的纵向计算

多数情况下，报表统计计算是针对一组记录或所有记录来完成的。要对一组记录进行计算，可以在该组的组页眉或组页脚节中创建一个计算型控件。要对整个报表进行计算，可以在该报表的报表页眉节或报表页脚节中创建一个计算型控件。这时往往要使用 Access 提供的内置统计函数完成相应的计算操作。

3. 创建子报表

在创建子报表之前，首先要确保主报表数据源和子报表数据源之间已经建立了正确的关联，这样才能保证子报表中的记录与主报表中的记录之间有正确的对应关系。

（1）在已有报表中创建子报表

在已经建好的报表中插入子报表，可以利用"子窗体/子报表"控件，然后按"子报表向导"的提示进行操作。

（2）将报表添加到其他报表中建立子报表

在 Access 数据库中，可以先分别建好两个报表，然后将一个报表添加到另一个报表中。操作方法如下。

① 在报表设计视图中，打开希望作为主报表的报表。

② 确保已经选中"控件"命令组中的"使用控件向导"命令，将希望作为子报表的报表从导航窗格拖到主报表中需要添加子报表的节区，这样 Access 就会自动将子报表控件添加到主报表中。

③ 调整、预览并保存报表。

4. 创建多列报表

多列报表是指在报表的一个页面中打印两列或多列的报表，这类报表最常见的形式就是标签报表。也可以将一个设计好的普通报表设置成多列报表，具体操作方法如下。

① 创建普通报表。在打印时，多列报表的组页眉节、组页脚节和主体节将占满整个列的宽度。例如，如果要打印 4 列数据，需调整控件宽度在一个合理范围内。

② 在设计视图下单击"报表设计工具/页面设置"选项卡，在"页面布局"命令组中单击"页面设置"命令按钮，打开"页面设置"对话框。在其中进行设置。

5.5 报 表 实 训

1. 实验目的

① 了解报表布局，理解报表的概念和功能。

② 掌握创建报表的方法。

③ 掌握报表的常用控件的使用。

2. 实验内容及要求

① 创建报表。

② 修改报表，在报表上添加控件，设置报表的常用控件属性。

实训 1 创 建 报 表

1. 使用"自动创建报表"方式创建报表

要求：基于教师表为数据源，使用"报表"按钮创建报表。

操作步骤如下：

① 打开"教学管理"数据库，在"导航"窗格中，选中"教师"表。

② 在"创建"选项卡的"报表"组中，单击"报表"按钮（见图 5-3），"教师"报表立即创建完成，并且切换到布局视图（见图 5-4）。

图 5-3 报表组   图 5-4 教师报表

③ 保存报表，报表名称为"教师工作情况表"。

2. 使用报表向导创建报表

要求：使用"报表向导"创建"选课成绩"报表。

操作步骤：

① 打开"教学管理"数据库，在"导航"窗格中，选择"选课成绩"表。

② 在"创建"选项卡的"报表"组中，单击"报表向导"按钮，打开"报表向导"对话框，这时数据源已经选定为"表：选课成绩"（在"表／查询"下拉列表中也可以选择其他数据源）。在"可用字段"窗格中，将全部字段移发送到"选定字段"窗格中，然后单击"下一步"按钮，如图 5-5 所示。

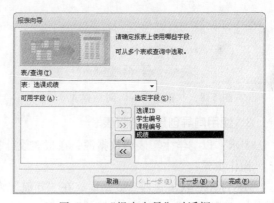

图 5-5 "报表向导"对话框 1

③ 在打开的对话框中，自动给出分组级别，并给出分组后报表布局预览，如图 5-6 所示。这里是按"学生编号"字段分组（这是由于学生表与选课成绩之间建立的一对多关系所决定的，否则就不会出现自动分组，而需要手工分组），单击"下一步"按钮，如图 5-7 所示。如果需要再按其他字段进行分组，可以直接双击左侧窗格中的用于分组的字段。

④ 在打开的对话框中。这里选择按"成绩"降序排序，如图 5-7 所示，单击"汇总选项"按钮，选定"成绩"的"平均"复选项，汇总成绩的平均值，选择"明细和汇总"选项，单击"确定"按钮。再单击"下一步"按钮。

⑤ 在打开的对话框中，确定报表所采用的布局方式。这里选择"块"式布局，方向选择"纵向"，如图 5-8 所示，单击"下一步"按钮。

⑥ 在打开的对话框中，指定报表的标题，输入"选课成绩信息"，选择"预览报表"单选项，如图 5-9 所示，然后单击"完成"按钮。

图 5-6　"报表向导"对话框 2

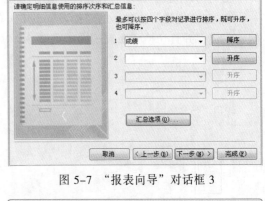

图 5-7　"报表向导"对话框 3

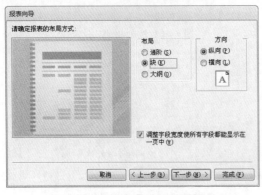

图 5-8　"报表向导"对话框 4

图 5-9　"报表向导"对话框 5

3. 使用向导创建标签报表

要求：以"学生"表为数据源，在报表设计视图中创建"学生信息标签"。

操作步骤：

① 打开"教学管理"数据库，在"导航"窗格中，选择"学生"表。然后在"创建"选项卡的"报表"组中，单击"标签"按钮，打开"标签向导"对话框，如图 5-10 所示，指定标签尺寸，然后单击"下一步"按钮。

图 5-10　指定标签尺寸

② 在弹出的对话框中选择文本的字体和颜色，如图 5-11 所示，然后单击"下一步"按钮。

图 5-11　选择文本的字体和颜色

③ 在弹出的对话框中添加"可用字段"，包括两类元素：一是手动输入的提示性文本；二是数据源中的字段值。输入结束后，单击"完成"按钮，如图 5-12 所示。

图 5-12　输入标签内容

④ 在快速工具栏上，单击"保存"按钮，以"学生信息标签"为名称保存报表。

⑤ 预览标签报表，如图 5-13 所示。

图 5-13　打印预览

4. 使用"设计"视图

要求：以"学生成绩查询"为数据源，在报表设计视图中创建"学生成绩信息报表"。

操作步骤：

① 打开"教学管理"数据库，在"创建"选项卡的"报表"组中，单击"报表设计"按钮，打开报表设计视图。这时报表的页面页眉／页脚和主体节同时都出现，这点与窗体不同。

② 在"设计"选项卡的"工具"分组中，单击"属性表"按钮，打开报表"属性表"窗格，在"数据"选项卡中，单击"记录源"属性右侧的下拉按钮，从下拉列表中选择"选课成绩查询"，如图 5-14 所示。

③ 在"设计"选项卡的"工具"分组中，单击"添加现有字段"按钮，打开"字段列表"窗格，并显示相关字段列表，如图 5-15 所示。

图 5-14　属性窗口记录源设计

图 5-15　字段列表窗口

④ 在"字段列表"窗格中，把"学号"、"姓名"、"课程名"和"成绩"字段，拖到主体节中。

⑤ 在快速工具栏上，单击"保存"按钮，以"学生选课信息"为名称保存报表。但是这个报表设计不太美观，需要进一步修饰和美化。

⑥ 在报表页眉节区中添加一个标签控件，输入标题"学生选课成绩表"，使用工具栏设置标题格式：字号 20、居中。

⑦ 从"字段列表"窗口中依次将报表全部字段拖放到"主体"节中，产生 4 个文本框控件（4 个附加标签）。

⑧ 选中主体节区的一个附加标签控件，使用快捷菜单中的"剪切"和"粘贴"命令，将它移动到页面页眉节区，用同样方法将其余三个附加标签也移过去，然后调整各个控件的大小、位置及对齐方式等；调整报表页面页眉节和主体节的高度，以合适的尺寸容纳其中的控件（注：可采用"报表设计工具/排列"→"调整大小和排序"进行设置），设置效果如图 5-16 所示。

图 5-16　设计视图效果

⑨ 在"报表设计工具/排列"→"控件"组，选"直线"控件，按住【Shift】键画直线。

⑩ 选中"学生选课成绩表"标签，在属性窗口中修改字号、文本对齐属性值。

⑪ 单击"视图"组→"打印预览"，查看报表，如图 5-17 所示。

图 5-17　学生选课成绩表打印预览视图效果

⑫ 保存报表，报表名称为"学生选课成绩报表"。

实训 2　修 改 报 表

要求：修改报表"学生选课成绩报表"，在页面页脚节区添加日期、页码。

操作步骤：

① 插入日期。打开报表"学生选课成绩报表"的设计视图，单击"页眉/页脚"→"日期和时间"按钮，如图 5-18 所示，选中"包含日期"复选框，取消"包含时间"选择，选择短日期格式，然后单击"确定"按钮，将新添加的日期控件移动到页面页脚的左端。

② 插入页码。选择"插入"→"页码"按钮，格式选"第 N 页，共 M 页"选项，位置选"页面底端"，对齐选"中"选项。

图 5-18　页眉/页脚

③ 保存并预览报表。

实训 3　综 合 应 用

1. 在"D:\实验 5"文件夹下，存在一个数据库文件"Access 5-1"，里面已经设计好表对象"tBand"和"tLine"，同时还设计出以"tBand"和"tLine"为数据源的报表对象"rBand"。

要求：按照以下要求补充报表设计。

① 在报表页眉节区位置添加一个标签控件，其名称为"bTitle"，标题显示为"团队旅游信息表"，字体名称为"宋体"，字号为 22，字体粗细为"加粗"，倾斜字体为"是"。

② 在"导游姓名"字段标题对应的报表主体区位置添加一个控件，显示出"导游姓名"字段值，并命名为"tName"。

③ 在报表的报表页脚区添加一个计算控件，要求依据"团队 ID"来计算并显示团队的个数。计算控件放置在"团队数："标签的右侧，计算控件命名为"bCount"。

④ 将报表标题设置为"团队旅游信息表"，报表设计结果如图 5-19 所示。

图 5-19　设计视图

操作步骤：

① 选中"rBand"报表对象，右击"设计视图"，打开报表设计视图。

② 将报表页眉节区调大，并添加一个标签控件，输入标题"团队旅游信息表"，打开属性窗口，设置标签"名称"属性为"bTitle"，"字体名称"属性为"宋体"，"字号"属性为22，"字体粗细"属性为"加粗"，"倾斜字体"属性选"是"；调整标签大小，使标题文字能全部显示出来。

③ 在报表主体区添加一个文本框控件，位置要与"导游姓名"标签左边对齐，删除附加标签，打开属性窗口，设置文本框"名称"属性为"tName"，"控件来源"属性为"导游姓名"。

④ 在报表页脚区的"团队数"标签右侧添加文本框控件，删除附加标签，打开属性窗口，设置文本框的"名称"为"bCount"，"控件来源"设为"=Count([团队 ID])"。

⑤ 选中报表，打开属性窗口，设置报表"标题"属性为"团队旅游信息表"。

⑥ 预览并保存报表。

2. 在"D:\实验 5"文件夹下，存在一个数据库文件"Access 5-2"，里面已经设计好表对象"tEmp"、报表对象"rEmp"和宏对象"mEmp"，同时，给出窗体对象"fEmp"的若干事件代码，试按以下功能要求补充报表设计。

将报表记录数据按姓氏分组升序排列，同时要求在相关组（名称为组页眉 0）区域添加一个文本框控件（命名为"tNum"），设置其属性输出显示各姓氏员工的人数来。

注意：这里不考虑复姓情况。所有姓名的第一个字符视为其姓氏信息。而且，要求用*号或"编号"字段来统计各姓氏人数。

操作步骤：

① 选中"rEmp"报表对象，右击"设计视图"，打开报表设计视图，如图 5-20 所示。

② 单击功能区"分组和排序"，窗口下面出现"分组、排序和汇总区域，单击其中的"添加组"，选择"姓名"字段，按姓氏分组，单击"更多"，然后单击"按整个值"，选择"按第一个字符"，如图 5-21 所示。

③ 再单击"添加排序"，之后选择"姓名"字段，按姓氏分组升序排列。

④ 在报表姓名页眉区添加文本框控件，标签中输入"人数："，标签右侧的文本框中输入"=count([编号])"，计算各姓氏员工的人数，如图 5-22 所示。打开属性窗口，设置文本框的"名称"为"tNum"。

⑤ 预览并保存报表。

图 5-20 设计视图

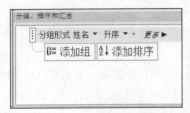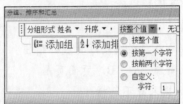

图 5-21 添加组

图 5-22 "人数"统计

思考与练习

一、判断题

1. 每个报表都要求有一个数据源，这个数据源只能是表。 （ ）

2. 报表与窗体的主要区别在于窗体中不可以输入数据，而报表中能输入数据。 （ ）

3. 报表页眉仅仅在报表的首页打印输出，主要用于打印报表的封面。 （ ）

4. Access 的窗体与报表不同，窗体可以用来输入数据，而报表不能用来输入数据。
（ ）

5. 在 Access 中，系统为用户提供了 5 种创建报表的方法。 （ ）

6. "使用自动创建报表功能创建报表允许用户选择所需输出的记录或字段"的说法是不正确的。 （ ）

7. "使用报表向导创建报表可以在报表中排序和分组记录，但只能选择 4 个字段作为排序和分组依据"的说法是不正确的。 （ ）

8. 在设计视图中创建报表，自动出现的三个节是"报表页眉"、"页面页眉"和"页面页脚"。 （　　）

9. 要对报表中每一条记录的数据进行计算和显示计算值，应将计算控件添加到组页眉节或组页脚节。 （　　）

10. 要对报表中的一组记录进行计算，应将计算控件添加到组页眉节或组页脚节。 （　　）

11. 主体节的内容是报表中不可缺少的关键内容。 （　　）

12. 在报表设计器中使用不同控件绑定表中数据时，显示的表中数据会不同的说法是不正确的。 （　　）

13. 报表页眉的内容是报表中不可缺少的关键内容。 （　　）

14. 报表的数据来源可以是表或查询中的数据。 （　　）

15. "组页眉和组页脚节只能作为一对同时添加或去除"的说法是不正确的。 （　　）

16. 可以将窗体转换成报表。 （　　）

二、选择题

1. （　　）的内容在报表每页底部输出。
　　A. 报表页眉　　　　B. 页面页眉　　　　C. 页面页脚　　　　D. 组页眉

2. 报表的数据来源不包括（　　）。
　　A. 表　　　　　　B. 窗体　　　　　　C. 查询　　　　　　D. SQL 语句

3. 报表由不同的种类对象组成，每个对象包括报表都有自己独特的（　　）窗口。
　　A. 属性　　　　B. 字段列表　　　　C. 工具箱　　　　D. 工具栏

4. 标签控件通常通过（　　）向报表添加。
　　A. 工具箱　　　　B. 工具栏　　　　　C. 属性表　　　　D. 字段列表

5. 当在一个报表中列出员工的"基本工资"、"加班费"和"岗位补贴"3 项时，要计算每位员工这 3 项工资的和，只要设置新添计算控件的控件源为（　　）。
　　A. ([基本工资]+[加班费]+[岗位补贴])　　B. [基本工资]+[加班费]+[岗位补贴]
　　C. =([基本工资]+[加班费]+[岗位补贴])　　D. =[基本工资]+[加班费]+[岗位补贴]

6. 每个报表最多包含（　　）种节。
　　A. 5　　　　　B. 6　　　　　C. 7　　　　　D. 8

7. 确定一个控件在窗体或报表上的位置的属性是（　　）。
　　A. Width 或 Height　　　　　　　B. Width 和 Height
　　C. Top 或 Left　　　　　　　　　D. Top 和 Left

8. 如果对创建的标签报表不满意，可以在（　　）中进行修改。
　　A. 使用向导　　B. 设计　视图　　C. 自动报表功能　　D. 标签向导

9. 如果设置报表上某个文本框的控件来源属性为"=2*3+1"，则打开报表视图时，该文本框显示信息是（　　）。
　　A. 未绑定　　　B. 7　　　　　C. 2*3+1　　　　　D. 出错

10. 如果想要在报表中计算数字字段的合计、均值、最大值、最小值等，则需要设置（　　）。
　　A. 排序字段　　B. 汇总选项　　C. 分组间隔　　　D. 分组级别

11. 如果要求将报表中每个公司库存产品价值总量超过 1 000 元的记录的公司名称显示为红色，则需要在（　　）下设置。

  A. "格式"菜单中"条件格式"　　　　　　B. "属性表中""格式"选项卡

  C. "属性表"中"数据"选项卡　　　　　　D. "属性表"中"事件"选项卡

12. 如果要求在页面页脚中显示的页码形式为"第 x 页，共 y 页"，则页面页脚中的页码的控件来源应该设置为（　　）。

  A. '="第"&[Pages]&　"页,共"&[Page]&　"页"

  B. '="共"&[Pages]&　"页,第"&[Page]&　"页"

  C. '="第"&[Page]&　"页,共"&[Pages]&　"页"

  D. '="共"&[Page]&　"页,共"&[Pages]&　"页"

13. 若在报表页眉处显示日期，例如："2006-05-12"，则日期的格式应为（　　）。

  A. y-m-d　　　　B. yyyy-mmmm-dddd　C. yy-mm-dd　　　　D. yyyy-mm-dd

14. 设计/修改报表布局，不能修改控件的（　　）。

  A. 属性　　　　　B. 位置　　　　　C. 大小　　　　　D. 间距

15. 使用"自动报表"功能创建报表时，需在（　　）对话框中选择报表类型。

  A. 显示表　　　　B. 新建报表　　　　C. 报表向导　　　　D. 设计视图

16. 为报表指定数据来源后，在报表设计窗口中，由（　　）取出数据源的字段。

  A. 属性表　　　　B. 自动格式　　　　C. 字段列表　　　　D. 工具箱

17. 下列不是报表统计汇总的计算函数功能的是（　　）。

  A. 计算范围内的记录个数　　　　　　B. 返回指定范围内的多个记录中的最大值

  C. 计算标准偏差　　　　　　　　　　D. 返回指定范围内的多个记录中的最小值

18. 下列不同的报表，用于给出所有记录汇总数据的是（　　）。

  A. 明细报表　　　B. 汇总报表　　　C. 窗体转换的报表　　D. 交叉列表报表

19. 下列关于对报表中数据源的操作叙述正确的是（　　）。

  A. 可以编辑，但不能修改　　　　　　B. 可以修改，但不能编辑

  C. 不能编辑和修改　　　　　　　　　D. 可以编辑和修改

20. 下列选项中不是报表数据属性的是（　　）。

  A. 记录源　　　　B. 排序依据　　　　C. 打印版式　　　　D. 筛选

21. 要计算报表中所有学生的"数学"课程的平均成绩，在报表页脚节内对应"数学"字段列的位置添加一个文本框计算控件，应该设置其控件来源属性为（　　）。

  A. =Avg([数学])　B. Avg([数学])　　C. =Sum([数学])　　D. Sum([数学])

22. 要设置在报表每一页底部都输出的信息，需要设置（　　）。

  A. 页面页脚　　　B. 报表页脚　　　C. 页面页眉　　　　D. 报表页眉

23. 要实现报表按某字段分组统计输出，需要设置（　　）。

  A. 报表页脚　　　B. 该字段组页脚　　C. 主体　　　　　D. 页面页脚

24. 要实现报表的分组统计，其操作区域是（　　）。

  A. 报表页眉或报表页脚区域　　　　　B. 页面页眉或页面页脚区域

  C. 主体区域　　　　　　　　　　　　D. 组页眉或组页脚区域

25. 以下不是报表组成部分的是 (   )。

    A. 报表设计器　　B. 主体　　　　　　C. 报表页脚　　　　D. 报表页眉

26. 用来显示整份报表的汇总说明的是 (   )。

    A. 报表页脚　　　B. 主体　　　　　　C. 页面页脚　　　　D. 页面页眉

27. 用于打开报表的宏命令是 (   )。

    A. openform　　　B. openreport　　　C. opensql　　　　D. openquery

28. 预览主/报表时，子报表页面页眉中的标签 (   )。

    A. 每页都显示一次　　　　　　　　　B. 每个子报表只在第一页显示一次

    C. 每个子报表每页都显示　　　　　　D. 不显示

29. 在 "设计" 视图中双击报表选择器打开 (   ) 对话框。

    A. 新建报表　　　B. 空白报表　　　　C. 属性　　　　　　D. 报表

30. 在 Access 报表中要实现按字段分组统计输出，需要设置 (   )。

    A. 页面页脚　　　B. 报表页脚　　　　C. 主体　　　　　　D. 组页脚

31. 在 Access 中，可以通过选择运行宏或 (   ) 来响应窗体、报表或控件上发生的事件。

    A. 运行过程　　　B. 事件　　　　　　C. 过程　　　　　　D. 事件过程

32. 在报表设计中，以下可以作绑定控件显示字段数据的是 (   )。

    A. 文本框　　　　B. 标签　　　　　　C. 命令按钮　　　　D. 图像

33. 在关于报表数据源设置的叙述中，以下正确的是 (   )。

    A. 可以是任意对象　　　　　　　　　B. 只能是表对象

    C. 只能是查询对象　　　　　　　　　D. 可以是表对象或查询对象

34. 在图表式报表中，若要显示一组数据的记录个数，应用 (   ) 函数。

    A. Count　　　　　B. Sun　　　　　　C. Avg　　　　　　D. Min

三、简答题

1. 报表由哪些部分组成？每部分的主要功能是什么？

2. 报表的类型有几种？各有什么特点？

3. Access 2010 报表的创建方法有哪些？

4. 如何对报表中字段进行排序与分组？分组的主要目的是什么？

5. 在报表页脚和组页脚中使用计算控件与在主体节中使用计算控件有何不同？

第 ⑥ 章

宏

6.1 宏 概 述

宏是由一个或多个宏操作命令组成的集合，其中每个操作能够实现特定的功能，例如，打开某个窗体或打印某个报表。当宏由多个操作组成时，运行时按宏命令的排列顺序依次执行。如果用户频繁地重复一系列操作，就可以用创建宏的方式来执行这些操作。

1. 宏的类型

（1）根据宏所依附的位置来分类

根据宏所依附的位置，宏可以分为独立的宏、嵌入的宏和数据宏。

（2）根据宏中宏操作命令的组织方式来分类

根据宏中宏操作命令的组织方式，宏可以分为操作序列宏、子宏、宏组和条件宏。

2. 宏的操作界面

在"创建"选项卡的"宏与代码"命令组中，单击"宏"命令按钮，将进入宏的操作界面，其中包括"宏工具/设计"选项卡、"操作目录"窗格和宏设计窗口 3 个部分。宏的操作就是通过这些操作界面来实现的。

（1）"宏工具/设计"选项卡

"宏工具/设计"选项卡有 3 个命令组，分别是"工具"、"折叠/展开"和"显示/隐藏"，如图 6-1 所示。

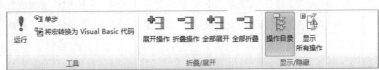

图 6-1 宏的操作界面

（2）"操作目录"窗格

"操作目录"窗格分类列出了所有宏操作命令，用户可以根据需要从中选择。当选择一个宏操作命令后，在窗格下半部分会显示相应命令的说明信息。"操作目录"窗格由 3 部分组成，分别是程序流程控制、宏操作命令和在此数据库中包含的宏对象，如图 6-2 所示。

图 6-2 "操作目录"窗格

（3）宏的设计窗口

Access 2010 重新设计了宏设计窗口，使得开发宏更为方便。当创建一个宏后，在宏设计窗口中，出现一个组合框，在其中可以添加宏操作并设置操作参数，如图 6-3 所示。

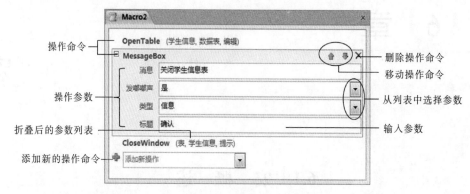

图 6-3　宏的设计窗口

3. 常用的宏操作

Access 2010 提供了 66 种基本的宏操作命令，在"操作目录"窗格的"操作"列表项中会显示所有的宏操作命令。在宏设计窗口中，可以调用这些基本的宏操作命令，并配置相应的操作参数，自动完成对数据库的各种操作。常用的宏命令如表 6-1 所示。

表 6-1　常用的宏命令

宏 命 令	功　　能	主要操作参数
Beep	使计算机发出嘟嘟声	无
CloseWindow	关闭指定对象或窗口	对象类型/名称，为空则关闭激活的窗口
OpenTable	打开指定的表	表名称、视图种类、数据模式
OpenQuery	打开指定的查询	查询名称、视图种类、数据模式
OpenForm	打开指定的窗体	窗体名称、Where 条件
OpenReport	打开指定的报表	报表名称、视图种类、Where 条件
Quit Access	退出 Access	选择一种保存选项：提示/全部保存/退出
RunMenuCommand	运行 Access 的内置菜单命令	输入或选择将要执行的命令
RunMacro	执行另一个宏，该宏可以在宏组中	宏名、重复次数、重复表达式
GotoRecord	使表、窗体或查询结果中指定记录变成当前记录	对象类型、对象名称、记录、偏移量等
FindNextRecord	查找下一个符合查询条件的记录	无
FindRecord	查找符合指定条件的第一个记录	查找内容、匹配、格式化等
MessageBox	显示包含警告信息或提示的消息框	消息内容、类型、标题、是否发声
MaximizeWindow	用于最大化活动窗口	无
MinimizeWindow	用于最小化活动窗口	无
RefreshRecord	重新刷新记录	
If	条件宏操作命令	条件表达式
Group	宏组设计命令	宏组名
SubMacro	子宏设计命令	子宏名称及其包含的操作命令

6.2 宏的创建

宏的创建方法与其他对象的创建方法稍有不同，宏只能通过设计视图创建。

1. 创建独立宏

在"宏工具/设计"选项卡的"工具"组中单击"运行"命令按钮，运行设计好的宏，将按顺序执行宏中的操作。

宏是按宏名进行调用的。命名为 AutoExec 的宏将在打开该数据库时自动运行，如果要取消自动运行，则在打开数据库时按住【Shift】键即可。

2. 创建子宏

创建子宏通过"操作目录"窗格中"程序流程"下的"Submacro"来实现。可通过与添加宏操作相同的方式将"Submacro"块添加到宏，然后，将宏操作添加到该块中，并给不同的块加上不同的名字。

如果运行的宏仅包含多个子宏，但没有专门指定要运行的子宏，则只会运行第一个子宏。在导航窗格中的宏名称列表中将显示宏的名称。如果要引用宏中的子宏，其引用格式是"宏名.子宏名"。

要将一个操作或操作集合指派给某个特定的按键，可以创建一个名为"AutoKeys"的宏，在按下特定的按键时，Access 就会执行相应的操作。创建 AutoKeys 宏，要在子宏名称文本框中输入特定的按键。

3. 创建宏组

创建宏组通过"操作目录"窗格中"程序流程"下的"Group"来实现。

注意："Group"块不会影响宏操作的执行方式，组不能单独调用或运行。此外，"Group"块可以包含其他"Group"块，最多可以嵌套 9 级。

4. 创建条件操作宏

如果希望当满足指定条件时才执行宏的一个或多个操作，可以使用"操作目录"窗格中的"If"流程控制，通过设置条件来控制宏的执行流程，形成条件操作宏。

这里的条件是一个逻辑表达式，返回值是真（True）或假（False）。运行时将根据条件的结果，决定是否执行对应的操作。如果条件结果为 True，则执行此行中的操作；若条件结果为 False，则忽略其后的操作。

在输入条件表达式时，可能会引用窗体或报表上的控件值，引用格式为：

```
Forms![窗体名]![控件名]
```

或

```
[Forms]![窗体名]![控件名]、Reports![报表名]![控件名]或[Reports]![报表名]![控件名]
```

5. 创建嵌入的宏

嵌入的宏与独立的宏的不同之处在于，嵌入的宏存储在窗体、报表或控件的事件属性中。它们并不作为对象显示在导航窗格中的"宏"对象下面，而成为窗体、报表或控件的一部分。创建嵌入的宏与宏对象的方法略有不同。嵌入的宏必须先选择要嵌入的事件，然后再编辑嵌入的宏。使用控件向导在窗体中添加命令按钮，也会自动在按钮单击事件中生成嵌入的宏。

6. 创建数据宏

（1）创建事件驱动的数据宏

每当在表中添加、更新或删除数据时，都会发生表事件。可以编写一个数据宏，使其在发生这 3 种事件中的任一种事件之后，或在发生删除、更改事件之前立即运行。

（2）创建已命名的数据宏

已命名的或"独立的"数据宏与特定表有关，但不是与特定事件相关。可以从任何其他数据宏或标准宏调用已命名的数据宏。要创建已命名的数据宏，可执行下列操作。

① 在导航窗格中，双击要向其中添加数据宏的表。

② 在"表格工具/表"选项卡上的"已命名的宏"组中，单击"已命名的宏"命令按钮，然后单击"创建已命名的宏"命令。

③ 打开宏设计窗口，可开始添加操作。

若要向数据宏添加参数，可执行下列操作：

① 在宏的顶部，单击"创建参数"链接项。

② 在"名称"框中输入一个唯一的名称，它是用来在表达式中引用参数的名称。在"说明"框中输入参数说明，起帮助提示作用。

若要从另一个宏运行已命名的数据宏，使用"RunDataMacro"操作。该操作为创建的每个参数提供一个框，以便可以提供必要的值。

（3）管理数据宏

导航窗格的"宏"对象下不显示数据宏，必须使用表的数据表视图或设计视图中的功能区命令，才能创建、编辑、重命名和删除数据宏。

6.3　宏的运行与调试

设计完成一个宏对象或嵌入的宏后即可运行它，调试其中的各个操作。Access 2010 提供了 OnError 和 ClearMacroError 宏操作，可以在宏运行过程中出错时执行特定操作。另外，SingleStep 宏操作允许在宏执行过程中进入单步执行模式，可以通过每次执行一个操作来了解宏的工作状态。

1. 宏的运行

（1）直接运行宏

直接运行宏有以下 3 种方法。

① 在导航窗格中选择"宏"对象，然后双击宏名。

② 在"数据库工具"选项卡的"宏"组中单击"运行宏"命令按钮，弹出"执行宏"对话框。在"宏名称"下拉列表中选择要执行的宏，然后单击"确定"按钮。

③ 在宏的设计视图中，单击"宏工具/设计"选项卡，再在"工具"组中单击"运行"命令按钮。

（2）从其他宏中执行宏

如果要从其他的宏中运行另一个宏，必须在宏设计视图中使用 RunMacro 宏操作命令，要运行的另一个宏的宏名作为操作参数。

（3）自动执行宏

将宏的名字设为"AutoExec"，则在每次打开数据库时，将自动执行该宏，可以在该宏中设置数据库初始化的相关操作。

（4）通过响应事件运行宏

在实际的应用系统中，设计好的宏更多的是通过窗体、报表或控件上发生的"事件"触发相应的宏或事件过程，使之投入运行。

2. 宏的调试

在 Access 中提供了单步执行的宏调试工具。使用单步跟踪执行，可以观察宏的执行流程和每一步操作的结果，便于分析和修改宏中的错误。

6.4 宏 的 应 用

1. 用宏控制窗体

宏可以对窗体进行很多操作，包括打开、关闭、最大化、最小化等，下面通过建立一个 AutoExec 宏来说明用宏控制窗体的操作。AutoExec 宏会在打开数据库时触发，可以利用该宏启动"登录对话框"窗体。

2. 利用宏创建自定义菜单和快捷菜单

在 Access 2010 中利用宏可以为窗体、报表创建自定义菜单，也可以创建快捷菜单。

3. 使用宏取消打印不包含任何记录的报表

当报表不包含任何记录时，打印该报表就没有意义。在 Access 2010 中可向报表的"无数据"事件过程中添加宏。只要运行没有任何记录的报表，就会触发"无数据"事件。当打开报表不包含任何数据时，发出警告信息，单击"确定"关闭警告消息时，宏也会关闭空报表。

6.5 宏 的 实 训

1. 实验目的

① 掌握宏的创建。

② 掌握宏的运行。

2. 实验内容及要求

① 创建宏。

② 运行宏。

实训　宏的创建、运行

1. 创建并运行只有一个操作的宏

要求：在"教学管理.accdb"数据库中创建宏，功能是打印预览"选课成绩"报表。

操作步骤：

① 在"教学管理.accdb"数据库中，选择"创建"选项卡"代码与宏"组，单击"宏"按

钮，进入宏设计窗口。

② 在"添加新操作"列第 1 行选择"OpenReport"操作，"操作参数"区中的"报表名称"选"学生选课成绩报表"，"视图"选择"打印预览"，如图 6-4 所示。

图 6-4　宏设计器组合框及操作参数的设置

③ 单击"保存"按钮，"宏名称"文本框中输入"预览报表宏"。

④ 单击"运行"按钮，运行宏。

2. 创建并运行操作序列宏

要求：创建宏，功能是打开"学生"表，打开表前要发出"嘟嘟"声；再关闭"学生"表，关闭前要用消息框提示操作。

操作步骤：

① 在"教学管理.accdb"数据库中，选择"创建"选项卡"代码与宏"组，单击"宏"按钮，进入宏设计窗口。

② 在"添加新操作"列的第 1 行，选择"Beep"操作。

③ 在"添加新操作"列的第 2 行，选择"OpenTable"操作，"操作参数"区中的"表名称"选择"学生"表。

④ 在"添加新操作"列的第 3 行，选择"MsgBox"操作。"操作参数"区中的"消息"框中输入"关闭表吗？"。

⑤ 在"添加新操作"列的第 4 行，选择"RunMenuCommand"操作，再选择"Close"操作，"操作参数"区中的"对象类型"框中选"表"，"对象名称"框中选"学生"，如图 6-5 所示。

⑥ 单击"保存"按钮，"宏名称"文本框中输入"操作序列宏"。

⑦ 单击"运行"按钮，运行宏。

3. 创建宏组，并运行其中每个宏

要求：在"教学管理.accdb"数据库中创建宏组，宏 1 的功能与"操作序列宏"功能一样，宏 2 的功能是打开和关闭"学生选课成绩"查询，打开前发出"嘟嘟"声，关闭前要用消息框提示操作。

操作步骤：

图 6-5　宏设计视图

① 在"教学管理.accdb"数据库中,选择"创建"选项卡"代码与宏"组,单击"宏"按钮,进入宏设计窗口。

② 在"操作目录"窗格中,把程序流程中的"Submacro"拖到"添加新操作"组合框中(也可以双击"Submacro"),在子宏名称文本框中,默认名称为 Subl,把该名称修改为"宏 1",如图 6-6 所示。

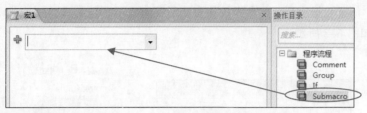

图 6-6 宏设计视图及操作目录

③ 在"添加新操作"列,选择"Beep"操作。

④ 在"添加新操作"列,选择"OpenTable"操作,"操作参数"区中的"表名称"选择"学生"表,"编辑模式"为只读。

⑤ 在"添加新操作"列的,选择"MessageBox"操作。"操作参数"区中的"消息"框中输入"关闭表吗?"。

⑥ 在"添加新操作"列的,选择"RunMenuCommand"操作,命令行选择"Close"。

⑦ 重复②~③步骤。

⑧ 在添加新操作组合框中,选中"OpenQuery",设置查询名称为"选课成绩查询"。数据模式为"只读"。

⑨ 重复⑥步骤。

⑩ 在⑥下面的添加新操作组合框中打开列表,从中选中"RunMacro"操作,宏名称行选择"宏组.宏名 2"。

⑪ 单击"保存"按钮,"宏名称"文本框中输入"宏组"。运行宏。设计视图结果,如图 6-7 所示。

图 6-7 宏组设计结果

4. 创建并运行条件操作宏

在"教学管理"数据库中，创建一个登录验证宏，使用命令按钮运行该宏时，对用户所输入的密码进行验证，只有输入的密码为"123456"才能打开启动窗体，否则，弹出消息框，提示用户输入的系统密码错误。操作步骤如下：

① 使用窗体设计视图创建一个登录窗体。登录窗体包括：一个文本框，用来输入密码；一个命令按钮，用来验证密码（此命令按钮留待后面再进行创建），以及窗体标题。该登录窗体的创建结果，如图 6-8 所示。

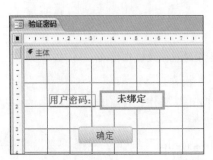

图 6-8　登录窗体设计视图及"确定"按钮单击事件选择

② 在"创建"选项卡的"宏与代码"组中，单击"宏"按钮，打开"宏设计器"。

③ 在添加新操作组合框中，输入"IF"，单击条件表达式文本框右侧的按钮。

④ 打开"表达式生成器"对话框，在"表达式元素"窗格中，展开"教学管理/Forms/所有窗体"，选中"登录"窗体。在"表达式类别"窗格中，双击"Text0"，在表达式值中输入"<>123456"，如图 6-9 所示。单击"确定"按钮，返回到"宏设计器"中。

图 6-9　"表达式设计器"对话框

⑤ 在"添加新操作"组合框中单击下拉按钮，在打开的下拉列表中选择"MessageBox"，在"操作参数"窗格的"消息"行中输入"密码错误！请重新输入系统密码！"，在类型组合框中，选择"警告！"，其他参数默认，如图 6-10 所示。

⑥ 重复步骤②和③，设置第 2 个 IF。在 IF 的条件表达式中输入条件:[Forms]![登录]! [Text0]="123456""。在添加新操作组合框中，选择"CloseWindow"，其他参数分别为"窗体、登录窗体、

否"。设计结果如图 6-10 所示。

　　⑦　在添加新操作中，选择"OpenForm"，各参数分别为"选课成绩、窗体、普通"，设置的结果如图 6-10 所示。保存宏名称为"登录验证"。

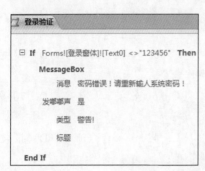

图 6-10　登录验证宏的设计视图

　　⑧　打开"验证密码"窗体切换到设计视图中，选中"确定"按钮，在属性窗口中"事件"选项卡，"单击"项，选择"登录验证"。

　　⑨　选择"窗体"对象，打开"登录窗体"窗体，分别输入正确的密码、错误的密码，单击"确定"按钮，查看结果。

5. 创建自动运行宏

　　要求：当用户打开数据库后，系统弹出欢迎界面。

　　操作步骤：

　　①　在"创建"选项卡的"宏与代码"组中，单击"宏"按钮，打开"宏设计器"。

　　②　在"添加新操作"组合框中单击下拉按钮，在下拉列表中选择"MessageBox"，在"操作参数"窗格的"消息"行中输入"欢迎使用教学管理信息系统！"，在类型组合框中，选择"信息"，其他参数默认，如图 6-11 所示。

　　③　保存宏，宏名为"AutoExec"。

　　④　关闭数据库。

　　⑤　重新打开"教学管理.accdb"数据库，宏自动执行，弹出一个消息框。

图 6-11　自动运行宏设计视图

思考与练习

一、判断题

1. 在宏设计窗口中添加操作时，可以直接在操作列中输入操作名。　　　（　　）

2. 在 Access 数据库系统中，宏是数据库对象之一。　　　　　　　　　（　　）

3. 无论创建何类宏，一定要进行的是选择宏操作。　　　　　　　　　　（　　）

4. 宏是一种特定的编码，是一个或多个操作命令的集合。　　　　　　　（　　）

5. 直接运行宏组，事实上执行的只是第一个宏名所包含的所有宏命令。 （   ）

二、选择题

1. （   ）才能产生宏操作。

   A. 创建宏组　　　　B. 编辑宏　　　　　　C. 创建宏　　　　　　D. 运行宏或宏组

2. （   ）可以使某些普通的、需要多个指令连续执行的任务能够通过一条指令自动完成。

   A. 报表　　　　　　B. 查询　　　　　　　C. 数据访问页　　　　D. 宏

3. （   ）是一系列操作的集合。

   A. 窗体　　　　　　B. 报表　　　　　　　C. 宏　　　　　　　　D. 模块

4. Access 中提供了（   ）个可选的宏操作命令。

   A. 40 多　　　　　 B. 50 多　　　　　　　C. 60 多　　　　　　　D. 70 多

5. 不能使用宏的数据库对象是（   ）。

   A. 表　　　　　　　B. 窗体　　　　　　　C. 宏　　　　　　　　D. 报表

6. 定义（   ）有利于数据库中宏对象的管理。

   A. 宏　　　　　　　B. 宏组　　　　　　　C. 宏操作　　　　　　D. 宏定义

7. 关于查找数据的宏操作，说法不正确的是（   ）。

   A. ApplyFilter 宏操作的目的是对表格的基础表或查询使用一个命名的过滤、查询或一个 SQL WHERE 从句，以便能够限制一个表格或者查询显示的信息

   B. FineNext 找出符合查询标准的一个记录

   C. GoToRecord 宏操作的目的是移动到不同的记录上，并使它成为表、查询或者表格的当前值

   D. GoToRecord 可以移动到一个特定编号的记录上，或者移动到尾部的新记录上

8. 关于宏的描述不正确的是（   ）。

   A. 宏是为了响应已定义的事件去执行一个操作

   B. 可以利用宏打开或执行查询

   C. 可以在一个宏内运行其他宏或者模块过程

   D. 使用宏可以提供一些更为复杂的自动处理操作

9. 关于宏和模块的说明正确的是（   ）。

   A. 宏可以是独立的数据库对象,可以提供独立的操作动作

   B. 模块是能够被程序调用的函数

   C. 通过定义宏可以选择或更新数据

   D. 宏和模块都不能是窗体或报表上的事件代码

10. 关于宏与宏组，说法不正确的是（   ）。

    A. 宏是由若干个宏操作组成的集合

    B. 宏组可分为简单宏组和复杂宏组

    C. 运行复杂宏组时，只运行该宏组中的第一个宏

    D. 不能从一个宏中直接运行另一个宏

11. 宏的操作都可以在模块对象中通过编写（   ）语句来达到相同的功能。

    A. SQL　　　　　　B. VBA　　　　　　　C. VB　　　　　　　　D. 以上都不是

12. 宏的命名方法与其数据库对象相同，宏按（　　　）调用。

  A. 名   B. 顺序   C. 目录   D. 系统

13. 宏命令、宏、宏组的组成关系由小到大为（　　　）。

  A. 宏→宏命令→宏组   B. 宏命令→宏→宏组

  C. 宏→宏组→宏命令   D. 以上都错

14. 宏命令 OpenTable 打开数据表，则可以显示该表的视图是（　　　）。

  A. "数据表" 视图   B. "设计" 视图

  C. "打印预览" 视图   D. 以上都是

15. 宏设计窗口中有 "宏名"、"条件"、"操作" 和 "备注" 列，其中，（　　　）是不能省略的。

  A. 宏名   B. 条件   C. 操作   D. 备注

16. 宏组是由（　　　）组成的。

  A. 若干宏   B. 若干宏操作   C. 程序代码   D. 模块

17. 宏组中的宏按（　　　）调用。

  A. 宏名.宏   B. 宏组名.宏名   C. 宏名.宏组名   D. 宏.宏组名

18. 宏组中宏的调用格式是（　　　）。

  A. 宏组名.宏名   B. 宏组名!宏名   C. 宏组名[宏名]   D. 宏组名(宏名)

19. 若已有宏，要想产生宏指定的操作需（　　　）宏。

  A. 编辑宏   B. 创建宏   C. 带条件宏   D. 运行宏

20. 下列不能够通过宏来实现的功能是（　　　）。

  A. 建立自定义菜单栏

  B. 实现数据自动传输

  C. 自定义过程的创建和使用

  D. 显示各种信息，并能够使计算机扬声器发出报警声，以引起用户注意

21. 下列操作中，不是通过宏来实现的是（　　　）。

  A. 打开和关闭窗体   B. 显示和隐藏工具栏

  C. 对错误进行处理   D. 运行报表

22. 下列关于宏的说法中，错误的是（　　　）。

  A. 宏是若干个操作的集合

  B. 每一个宏操作都有相同的宏操作参数

  C. 宏操作不能自定义

  D. 宏通常与窗体、报表中的命令按钮结合使用

23. 显示包含警告信息或其他信息消息框的宏操作是（　　　）。

  A. MsgBox   B. Beep   C. AddMenu   D. SendObject

24. 要限制宏操作的范围，可以在宏中定义（　　　）。

  A. 宏条件表达式   B. 宏操作对象

  C. 宏操作目标   D. 窗体或报表的控件属性

25. 以下关于宏的说法不正确的是（　　　）。

  A. 宏能够一次完成多个操作

  B. 每一个宏命令都是由动作名和操作参数组成

C. 宏可以是很多宏命令组成在一起的宏

D. 宏是用编程的方法来实现的

三、简答题

1. 什么是宏？什么是事件？

2. Autoexec 宏的作用是什么？

3. 如何调试宏？

4. 什么是子宏？如何创建及引用子宏中的一个宏？

5. 控制窗体的宏操作有哪些？

6. 行宏有几种方法？各有什么不同？

第 ⑦ 章

模块和 VBA 程序设计

7.1 程序设计概述

1. 程序与程序设计语言

Visual Basic 是微软公司推出的 Basic 语言编程工具，它比标准 Basic 语言增加了许多功能。它支持面向对象的编程，由于它是为 Window 这样的图形用户界面的操作系统开发的，所以它使用事件驱动的方式控制程序流程。

2. VBA 概述

Visual Basic 是微软公司推出的可视化应用程序开发语言，简称 VB。由于 VB 功能强大且编程简单易学，因此微软公司将它的一部分代码结合到 Office 中，形成了 VBA。VBA 继承了大部分 VB 的语法和面向对象的程序设计方法。Access 将 VBA 程序代码保存为模块，通过事件触发模块中代码的运行，从而实现与宏类似的功能。模块是 Access 的 7 种对象之一，与宏相比，模块的功能更加强大。

7.2 数据类型、表达式和内部函数

1. 数据类型

（1）数值型数据

数值型数据有 Integer、Long、Single、Double、Currency 和 Byte。

- Integer 整型：占 2 个字节，范围为−32 768~32 767，类型符为%，整数表示形式有 123、−123、123%。
- Long 长整型：占 4 个字节，类型符为&，范围为−21 亿~+21 亿，长整型表示形式有 123&、−123&，用于保存浮点实数，其特点有范围大，但有误差、运算速度慢。
- Single 单精度浮点数的形式：带有小数点的数，数字后加!，科学记数法，占 4 个字节，类型符为!。例如：123.45，123!，0.123E+3。
- Double 双精度浮点数：与 Single 类似，占 8 个字节，类型符为#，科学记数法中用"D"代替"E"。例如：123.45#，0.123D+3，0.123E+3#。

- Currency 货币型：定点实数或整数，占 8 个字节，最多保留小数点右边 4 位和小数点左边 15 位，类型符为@。例如：123.45@，1234@。
- Byte 字节型：占 1 个字节，用于存储二进制数。

（2）日期（DATE）数据类型

日期范围：100/1/1~9999/1/1

时间范围：0:00:00~23:59:59

表示方法：日期和时间字符用#括起来，如：#1998-5-12 10:30#。用数字序列表示，整数部分表示距 1899-12-31 的天数，此后的时间为正数；小数部分表示占一天的百分数。如：3.45 表示的日期为 1900-1-2 ，时间为 10:48。

（3）逻辑（Boolean）数据类型

用于逻辑判断，其值为 True、False 之一，当其转换为数值时，True 为-1，False 为 0，其他转换为逻辑数据时，非 0 为 True，0 为 False。

（4）字符（String）数据类型

可以是西文和汉字，在 VB 中，一个字符默认均占用两个字节，用双引号（""）括起来表示。例如："123""程序设计"。

（5）对象（Object）数据类型

4 个字节，用来存储应用程序中引用的对象的地址。

（6）变体（Variant）数据类型

是所有未定义的变量的缺省数据类型，根据上下文改变数据类型，可以用函数 Vartype()获得其当前的数据类型。它除了可以是上述基本数据类型外，还可以是 Empty、Null 数据类型。

（7）自定义数据类型

用户可以根据需要，用上述基本数据定义新的数据类型，类似 C 语言中的结构类型、Pascal 中的记录类型。它通过 Type 语句实现，语法如下：

```
Type    自定义类型名
   元素名[(下标)]   as 类型名
   …
   [元素名[(下标)]   as 类型名]
End Type
```

类型定义完毕后，该类型与基本类型有一样的使用方法。

注：定义类型时，必须在标准模块中定义，默认为 Public；若元素类型为字符串，则它必须是定长的字符串。

2. 常量

常量是用一些具有一定意义的名字来代替那些在程序运行过程中反复出现且数值保持不变的数值或字符串，在大型程序中，常量的优越性更加明显。

常量的 3 种类型：直接常量、系统本身提供的常量、用户声明的符号常量。

① 直接常量：十进制如 123，123&；八进制数值前加&O，如：&O12；十六进制数值前加&H，如&H12。

常见的直接常量如下：

- 字符串常量：用双引号括起来的一串字符，如"ABC"。

- 数值常量：是直接数值常数。
- 布尔常量：只有 True（真）和 False（假）两个值。
- 日期常量：用#号括起的日期和时间串。

② 系统提供的常量：VB 系统提供应用程序和控件的系统定义的常量。其位于 VB 对象库中，它有 VB、VBA 对象库，其他还有 Excel、Access 等对象库中，为区别常量的来源对象库，常量名使用 2 个字母的前缀，如 vb 前缀的常量来源于 VB、VBA 对象库中。这些常量很多，可在帮助中查阅。一些常量的例子：vbOK，vbReturn，vbCancel，vbNormal，vbMaximized，vbMinimized 等。

③ 用户声明符号的常量：

表达形式：Const 符号常量名[As 类型]=表达式

其中：类型若省略，常量类型与表达式结果类型一致；常量名后也可加类型符说明其类型。

例如：

```
Const  Pi = 3.14159
Const  Firstdate = #3/13/2002#
Const  Strhello= "河西学院欢迎你"
Const  XyName="新疆医科大学"
```

3. 变量

变量是代表数据的一个名称，在高级语言中变量是对存放数据的内存单元的命名，其值在程序运行期间可随程序运行而不断发生变化。

变量有两个属性：变量名、数据类型。其中，变量名是指单元的内存地址，变量值就是该内存单元中的值，值类型为变量的数据类型。

变量命名规则：

① 必须以字母和汉字开头，由字母、汉字、数字或下画线组成，长度小于等于 255 个字符。

② 不能使用 VB 中的关键字，不能与过程名、符号常量名相同。

③ VB 不区分变量名的大小写。

④ 变量名在同一范围内必须是唯一的。

变量取名的注意事项如下：

① 取名最好用有实际意义或易记忆的字符串。

② 变量名尽量简单明了，不宜太长，否则不便于书写、记忆。

③ 便于阅读，一般在变量名前加一个表示数据类型的前缀。

一些错误的表示方法：

3xy：数字开头。

y-z：不允许出现减号。

ha　ci：不允许出现空格。

dim：VB 的关键字。

变量的声明：有显式声明和隐式声明两种方式。变量声明后，系统自动开辟内存单元存放变量值，数值型变量初始值为 0，字符串与变体型变量为空串，布尔型变量为 False，对象型变量值为 Null。

显式声明的语法：

```
Dim <变量名> [As <类型>][, <变量名> [As <类型>]]....
```

例如：Dim x As Integer、Dim y As String 等。

字符串变量的两种定义方法：

```
Dim strY as string          '不定长字符串变量
Dim strY as string*50       '定长字符串变量
```

为防止变量未声明，从而引起程序的负面影响，用户可在每个模块前使用 Option Explicit 语句强制变量声明，也可使用"工具"→"选项"→"编辑器"→"强制变量声明"命令自动为程序添加该语句。

隐式声明，即不声明直接使用，VB 允许对使用的变量未进行声明就直接使用，称为隐式声明，其类型均为变体（Variant）变量。隐式声明方便，但是容易出错，建议大家少用，尤其是初学者。

4. 运算符

（1）算术运算符：运算结果为数值。对算术运算符的如表 7-1 所示。

表 7-1　算术运算符

运　算　符	说　　明	优　先　级	例	结果(a=4)
^	乘方	1	a^3	64
−	负号	2	−a	−4
*	乘	3	a *a	16
/	除	3	a /10	0.4
\	整除	4	10\a	2
Mod	取模	5	10 mod a	2
+	加	6	a+2	6
−	减	6	a−1	3

（2）字符串运算符：功能是将两个字符串拼接，运算结果为字符。

- &：连接字符串，必要时，操作数将改为字符串类型，&与操作数之间用空格隔开，如：strA="abc" & 123。
- +：连接字符串，要求操作数必须为字符串类型。

（3）关系运算符：双目运算符，用于比较两个操作数的大小，运算结果为 False 或 True。操作符有：=、>、>=、<、<=、<>、Like，其比较规则如下：

- 数值型数据，按其大小比较。
- 字符型数据，按其 AscII 值，按字典序比较。
- 日期型，按日期先后比较，日期后的值大。
- Like 运算符用于字符串匹配，可使用通配符*、?实现模糊查询，如：xm　Like "*丽*"。

（4）逻辑运算符：双目运算符，运算结果为 False 或 True。其含义、运算优先级、说明如表 7-2 所示。

表 7-2　逻辑运算符

运　算　符	含　　义	优　先　级	说　　明
Not	取反	1	操作数为假，结果为真
And	与	2	仅两操作数为真时，结果为真
Or	或	3	两操作数有一个为真时，结果为真

续表

运 算 符	含 义	优 先 级	说 明
Xor	异或	3	两操作数一真一假时，结果为真
Eqv	等价	4	两操作数相同时，结果为真
Imp	蕴含	5	仅第一操作数为真，第二操作数为假，结果为假，其余结果为真

注：逻辑运算符对数值运算，以数字的二进制值逐位进行逻辑运算。

5. 表达式

表达式由变量、常量、运算符和圆括号按一定的规则组成，运算结果的类型由操作数与运算符共同决定。

表达式书写规则：

① 乘号不能省略。

② 括号必须成对出现且均使用圆括号。

③ 表达式从左到右书写，无高低、大小区分。

例如①数学表达式

$$\frac{\sqrt{(3x+y)-z}}{(xy)^4}$$

写为 VBA 表达式为：

$$Sqr((3*x+y)-z)/(x*y)^4$$

6. 数据转换

数据转换即不同数据类型的转换，一般指低精度向高精度的数据类型转换。在算术运算中，如果操作数有不同的精度，则结果类型是数值精度高的操作数类型。但 Long 数据与 Single 数据运算时，返回 Double 类型。

数值数据类型精度大小排列：Integer<Long<Single<Double<Currency。

7. 运算优先级

不同运算符优先级如下：算术运算符>关系运算符>逻辑运算符。

8. VBA 内部函数

为方便用户编程，VBA 提供了大量的内部函数。函数是一种特定的运算，只要给出函数名，输入相应参数，即可得到其函数值。函数按功能可分为：数学函数、转换函数、字符串函数、日期和时间函数、格式函数、随机函数等。用户也可概据需要自定义函数。

（1）常用数学函数（见表 7-3）

表 7-3 常用数学函数

函 数 名	含 义	例	结 果
Abs(N)	取绝对值	Abs(-3.6)	3.6
Cos(N)	求余弦	Cos(0)	1
Exp(N)	E 为底的指数函数	Exp(3)	20.086
Log(N)	自然对数	Log(10)	2.3

续表

函 数 名	含 义	例	结 果
Rnd(N)	产生随机数	Rnd	0~1 之间的数
Sin(N)	正弦函数	Sin(0)	0
Sqr(N)	平方根	Sqr(4)	2
Tan(N)	求正切值	Tan(0)	0
Sgn(N)	符号函数	Sgn(0.3)	1

（2）常用的转换函数（见表 7-4）

表 7-4　常用的转换函数

函 数 名	含 义	例	结 果
Asc(C)	求字符的 AscII 码	Asc("A")	65
Chr$(N)	将 AscII 码转换成字符	Chr$(65)	"A"
Fix(N)	取整数	Fix(−3.5)	−3
Hex(N)	十进制转换成十六进制	Hex(100)	64
Int(N)	求小于或等于 N 的最大整数	Int(−3.5)，Int(3.5)	−4，3
Lcase(C)	大写字母转为小写字母	Lcase("aBc")	"abc"
Oct(N)	十进制转为八进制	Oct(100)	144
Ucase$(C)	小写字母转为大写字母	Ucase$("aBc")	"ABC"
Str$(N)	数值转换为字符串	Str$(123.45)	"123.45"
Val(C)	数字字符串转为数值	Val("123AD")	123

（3）字符串函数（见表 7-5）

表 7-5　字符串函数

函 数 名	含 义	例	结 果
InStr(N1,c1,c2)	在 c1 中从 N1 开始找 C2 所在位置	Instr(1, "ab","b")	2
Left$(C,N)	取出字符串左边 N 个字符	Left$("ab42",2)	"ab"
Len(C)	字符串长度	Len("新医大 XJMU")	7
LenB(C)	字符串所占字节数	LenB("新医大 XJMU")	14
Ltrim$(C)	去掉字符串左边空格	Ltrim$(" aBc")	"aBc"
Mid$(C,N1,N2)	从 C 中 N1 字符开始取 N2 个字符	Mid$("中国",3,2)	"国"
Rtrim$(C)	去掉字符串右边空格	Rtrim$("aBc")	"aBc"
Right$(C,N)	取出字符串右边 N 个字符	Right$("ab42",2)	"42"
Space$(N)	产生 N 个空格的字符串	Space$(6)	" "
StrComp(C1,c2,[M])	比较两个字符串大小	StrComp("ab","aB")	1
String$(N,C)	返回首字符组成的 N 个字符	String$(2,"Tea")	"TT"

（4）日期函数（见表 7-6）

表 7-6　日期函数

函　数　名	含　　义	例	结　　果
Date[$][()]	返回系统日期	Date$()	02-8-20
DateSerial(Y,M,D)	返回一个日期形式	DateSerial(2,8,20)	02-8-20
DateValue(C)	同上，但自变量为字符串	DateValue("2,8,20")	02-8-20
Day(C|N)	返回日期号（1~31）	Day("97,07,01")	1
Month(C|N)	返回月份（1~12）	Month("97,7,1")	7
Now	返回系统日期与时间	Now	
Time[$][()]	返回系统时间	Time	20:29:19PM
WeekDay(C|N)	返回星期几（1~7），星期日是 1	WeekDay("2,8,20")	3 即星期二
Year(C|N)	返回年代号(1753-2078)	Year(365)相对 1899/12/30	1900

（5）格式输出函数

Format 可使数据按指定的格式输出，其书写形式如下：

```
Format$(表达式[,格式字符串]
```

其中："表达式"是要格式化输出的数值、日期、字符串表达式"格式字符串"，按其指定的格式输出的表达式的值，它有三类，分别为数值格式、日期格式、字符格式。

7.3　程序控制结构

VBA 程序设计有 3 种基本控制结构：顺序结构、选择结构和循环结构。

所有程序都由这 3 种基本控制结构组成。顺序结构是程序流程中最简单的控制结构，如果编写较为复杂的程序，需要使用选择结构和循环结构语句来对程序进行流程控制。

1. 顺序结构

顺序结构就是按照程序代码编写的顺序依次执行。顺序结构主要介绍赋值语句和输入输出语句。在 VBA 中，常使用 InputBox()函数和 MsgBox()函数进行数据的输入和输出。

（1）赋值语句

赋值语句可以将常量或常量表达式的值赋给变量或对象的属性，其一般格式为：

```
<变量名>=<表达式>
```

或

```
[<对象名>.]<属性名>=<表达式>
```

其中，<变量名>应符合变量的命名规则，<对象名>缺省时为当前窗体或报表。

首先计算"="（赋值运算符）右边表达式的值，将此值赋给"="左边的变量或对象属性。

例如：

```
x=1
strName="Herry"
Command1.Caption="确定"
Text1.Text="欢迎使用 Visual Basic 6.0！"
```

（2）Print 方法

在 VBA 中，可以使用 Print 方法在窗体、立即窗口及打印机上输出文本数据或表达式的值。

一般格式为：

```
[对象名].Print 表达式
```

如果省略对象名，则在当前窗体上输出；如果在立即窗口中输出，对象名应为"Debug"，如图 7-1 所示。

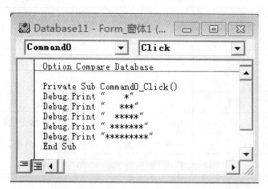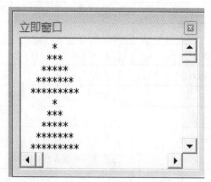

图 7-1　Print 方法举例

（3）InputBox()函数

InputBox()函数可以产生一个输入对话框，等待用户输入数据并返回所输入的内容。一般格式为：

```
InputBox(提示字符串[,对话框标题字符串][,默认输入数据])
```

在默认情况下，InputBox()函数的返回值是一个字符串。因此，当需要用 InputBox()函数输入数值时，必须在进行运算前用 Val()函数转换为数值类型数据，否则可能会得到不正确的结果。

（4）MsgBox()函数和 MsgBox 语句

MsgBox()函数或语句可以产生一个消息框，消息框中给出提示信息，用户可以根据提示信息选择后面的操作。

函数格式为：

```
MsgBox(消息字符串[,按钮与图标样式][,对话框标题字符串])
```

语句格式为：

```
MsgBox 消息字符串[,按钮与图标样式][,对话框标题字符串]
```

两种格式的区别是：MsgBox()函数会产生一个返回值，用户需要将返回值赋给一个变量。MsgBox 语句无返回值，仅是单纯的信息显示。

【例 7-1】创建 Area 过程，其功能是计算圆的面积，半径值从键盘随机输入。

参考过程代码如下：

```
Public Sub Area()
    Dim r As Integer
    Dim s As Single
    r = Val(InputBox("请输入圆半径值: ", "提示输入"))
    s = 3.14 * r * r
    MsgBox "圆面积: " & s, vbOKOnly + vbInformation, "计算结果"
End Sub
```

2. 选择结构

选择结构又称为分支结构，根据条件表达式的值执行相应的操作。选择结构可分为：单分支选择结构、双分支选择结构、多分支选择结构。

（1）单分支选择语句

格式一：

```
If <条件表达式> Then
    <语句>
End If
```

格式二：

```
If <条件表达式> Then <语句>
```

计算条件表达式的值，若值为"真"（True）则执行 Then 后面的语句，若值为"假"（False）则退出 If 语句继续执行下面的程序。

【例 7-2】实现两个数 X、Y 大小比较，将大者存放在 X 中。

```
if x<y then
    t=x            '两数交换用到临时变量 t，使用"交换三角形"
    x=y
    y=t
end if
```

（2）双分支选择语句

格式一：

```
If <条件表达式> Then
    <语句 1>
Else
    <语句 2>
End If
```

格式二：

```
If <条件表达式> Then <语句 1>  Else  <语句 2>
```

计算条件表达式的值，若值为"真"（True）则执行语句 1，否则执行语句 2。

【例 7-3】计算 $\begin{cases} y = \sin x + \sqrt{x^2+1}, x \neq 0 \\ y = \cos x - x^3 + 3x, x = 0 \end{cases}$

```
if  x<>0 then
    y=sin(x)+sqr(x*x+1)
else
    y=cos(x)-x^3+3*x
end if
```

（3）多分支选择语句

格式：

```
If <条件表达式 1> Then
        <语句 1>
ElseIf <条件表达式 2> Then
    <语句 2>
            … …
ElseIf <条件表达式 n> Then
        <语句 n>
Else
        <语句 n+1>
End If
```

计算条件表达式 1 的值，若值为"真"（True）则执行语句 1，否则计算条件表达式 2 的值，若值为"真"（True）则执行语句2，重复上述操作。当全部条件表达式的值都不为"真"（True）时，执行语句n+1。

【例7-4】创建Grade过程，其功能是：判断分数等级（优秀、良好、中等、及格、不及格，共5个等级），分数值从键盘随机输入。参考过程代码如下：

```
Public Sub change1()
  Dim score As Integer
  Dim grade As String
  score = Val(InputBox("请输入成绩: ", "提示输入"))
  If score >= 90 Then
      grade = "优秀"
  ElseIf score >= 80 Then
      grade = "良"
  ElseIf score >= 70 Then
      grade = "中"
  ElseIf score >= 60 Then
      grade = "及格"
  Else
      grade = "不及格"
  End If
  MsgBox score & "的等级为: " & grade, vbInformation + vbOKOnly, "判断结果"

End Sub
```

（4）多分支Select Case语句

格式：

```
Select Case <测试变量或表达式>
    Case <表达式 1>
        <语句 1>
    Case <表达式 2>
        <语句块 2>
        …
    Case <表达式 n>
            <语句 n>
    [Case Else
        语句 n+1]
End Select
```

Select Case语句在执行时，先计算测试变量或表达式的值，然后寻找该值与哪一个Case子句的表达式值匹配，找到后则执行该Case语句，之后退出Select结构；如果测试变量或表达式的值与全部Case子句的表达式值都不匹配，则执行Case Else语句，之后退出Select结构。

【例7-5】创建Grade过程，其功能是：判断分数等级（优秀、良好、中等、及格、不及格共5个等级），分数值从键盘随机输入。参考过程代码如下：

```
Public Sub change2()
  Dim score As Integer
  Dim grade As String
  score = Val(InputBox("请输入成绩: ", "提示输入"))
  Select Case score
    Case 90 To 100
        grade = "优秀"
```

```
        Case 80 To 89
           grade = "良"
        Case 70 To 79
           grade = "中"
        Case 60 To 69
           grade = "及格"
        Case 0 To 59
           grade = "不及格"
      Case Else
           grade = "输入错误"
   End Select

   MsgBox score & "的等级为: " & grade, vbInformation + vbOKOnly, "判断结果"
End Sub
```

3. 循环结构

在实际使用中，有些循环的次数可以事先确定，而有些循环不能确定。VBA 中有 3 种形式的循环语句：For 循环、While 循环和 Do 循环。其中，For 循环用于已知循环次数的情况下，While 循环和 Do 循环用于不确定循环次数的情况下。

（1）For 循环语句

格式：

```
For <循环变量 = 初值> To <终值> [Step 步长]
    <循环体>
Next [循环变量]
```

For 循环的执行过程：首先把初值赋给循环变量，接着判断循环变量的值是否超过终值，如果超过就不执行循环体，直接跳出 For 循环，执行 Next 后面的语句；否则执行循环体，之后将循环变量增加步长值后再赋给循环变量，继续判断循环变量的值是否超过终值，重复上述步骤直到 For 循环正常结束。

说明：

① 循环变量必须为数值型。

② 循环的初值、终值和步长都是数值表达式。其中，增量参数可正可负。如果没有设置 step，则增量默认为 1。

③ Next 是循环终端语句，在 Next 后面的循环变量与 For 中的循环变量必须相同。当只有单层循环时，Next 后面的循环变量可以不写。

④ 初值等于终值时，不管步长是正数还是负数，都执行一次循环体。

⑤ 循环次数由初值、终值和步长决定，计算公式为：

$$循环次数 = Int((终值 - 初值)/步长 + 1)$$

除了 For 语句以计数值来判断循环是否结束之外，还可以用 "Exit For" 语句强制结束循环。通常 "Exit For" 语句和 If 语句配合使用，代表在某种特定情况下，循环中的程序不再继续进行。

【例 7-6】求前 n 项和（Sum=2+4+...+2*n）。

```
sum = 0                '累加器 sum 赋初值零
For i = 2 To 2*n  Step 2
    sum = sum + i
Next i
…
```

【例 7-7】 求前 n 项积。

```
    M = 1                '乘器 M 赋初值 1
    For i = 2 To n Step 2
        M = M * i
Next I
```

【例 7-8】 创建 Sum 过程，其功能是：计算前 100 个自然数中奇数的和。

参考过程代码如下：

```
Public Sub Sum()
    Dim i As Integer
    Dim s As Integer
    s = 0
    For i = 1 To 100 Step 2
      s = s + i
    Next i
    MsgBox "前 100 个自然数中奇数的和是: " & s
End Sub
```

【例 7-9】 创建 Shuixianhua 过程，其功能是：统计水仙花数的个数（水仙花数是三位数，且各位数字的立方和等于这个数本身）。

参考过程代码如下：

```
Public Sub Shuixianhua()
    Dim i As Integer
    Dim j As Integer
    Dim k As Integer
    Dim m As Integer
    Dim num As Integer
    num = 0
    For i = 1 To 9
        For j = 0 To 9
          For k = 0 To 9
              m = i * 100 + j * 10 + k
              If m = i * i * i + j * j * j + k * k * k Then
                  num = num + 1
              End If
          Next k
        Next j
    Next i
    MsgBox "水仙花数共有" & num & "个"
End Sub
```

（2）Do 循环语句

Do…Loop 循环用于事先不知道循环次数的循环结构。

此语句共有 4 种语法格式：

● Do While … Loop 语句。

● Do … Loop While 语句。

● Do Until …Loop 语句。

● Do …Loop Until 语句。

前两种格式当循环条件为真时执行循环体语句，后两种当循环条件为假时执行循环体语句。

① Do While|Until … Loop 语句。

格式：

```
Do While|Until <条件表达式>
 <循环体>
[Exit Do]
 <循环体>
Loop
```

说明：

● 条件表达式的值应是逻辑型。

● Do While 和 Loop 应成对出现。

● 循环体中要有控制循环的语句，以避免出现死循环。

由于该循环的特点是先判断条件，然后再决定是否要执行循环体里的语句。所以，这种循环可以一次也不执行循环体。

Exit Do 表示当遇到该语句时，强制退出循环，执行 Loop 后的下一条语句。

② Do …While|Until Loop 语句。

格式：

```
Do
 <循环体>
[Exit Do]
 <循环体>
Loop While|Until <条件表达式>
```

说明：至少要执行循环体一次。

与 Do While 循环的区别：Do While 循环先测试条件是否成立，只有成立才执行循环；而该循环先执行循环体，后测试条件是否成立。

【例 7-10】求两数最大公约数、最小公倍数。

```
Dim m, n, r, t As Integer
   m = Val(Text1.Text)              '取两个数 m,n
   n = Val(Text2.Text)
…
   If m < n Then                    '指定 m>n
     t = n
     n = m
     m = t
   End If
   Do While n > 0                   '用辗转相除法，直到 n=0,
     r = m Mod n
     m = n
     n = r
   Loop
   Label3.Caption = "最大公约数" & m      '最大公约数存放在 m 中
   t = m
   m = Val(Text1.Text)
   n = Val(Text2.Text)
Label4.Caption = Label4.Caption & Str(m * n / t)    '最小公倍数 mn/t
```

【例 7-11】求自然数 e 的值：e=1+1/1!+1/2!+...+1/n!+...，要求误差小于 0.000 000 1。

```
Dim i As Integer
Dim n As Long
Dim t, e As Double
e = 0                              '累加器 e 赋值为 0
i = 0
n = 1
t = 1                              't 为第 n 项的值: 1/n!
Do While t > 0.0000001            '没达到精度 0.0000001,执行循环
   e = e + t                       '累加
   i = i + 1
   n = n * I                       求 n 的阶乘
   t = 1 / n                       求 1/n!

Loop
Print "e=" & e, "循环次数为" & i
```

（3）循环嵌套

一个循环体内以包含了一个完整的循环结构称为循环的嵌套。循环嵌套要求：

● 内层循环必须完全包含在外层循环中。

● 不同的循环层应采用不同的缩进方式表现出来，以增加程序的可读性。

● 不同的循环体应使用不同的循环变量。

【例 7-12】打印九九乘法表。

```
Dim Sgs As String
Dim i, j As Integer
For i = 1 To 9                     '被乘数从 1 变到 9
   For j = i To 9                  '乘数从 1 变到 9
     Sgs = i & "×" & j & "=" & Str(i * j)  '打印公式如 1×1=1
     Picture1.Print Tab((j - 1) * 9 + 1); Sgs;
   Next j
   Picture1.Print
Next i
```

【例 7-13】创建一个"判断素数"窗体，在窗体的主体节中放置 1 个标签控件、1 个文本框控件和 1 个命令按钮控件（见图 7-2）。单击"判断"按钮后，判断文本框中输入的数值是否为素数并给出结果。

图 7-2 "判断素数"窗体

"判断"按钮单击事件过程的参考代码如下：

```
Private Sub Command0_Click()
    Dim i As Integer, m As Integer
    i = 2
    text1.SetFocus
    m = Val(text1.Text)
    Do While i < m
        If m Mod i = 0 Then
            Exit Do
        End If
        i = i + 1
    Loop
    If m = i Then
        MsgBox "素数"
    Else
        MsgBox "非素数"
    End If
End Sub
```

4. 数组

数组不是一种数据类型，而是一组相同类型的变量的集合。在程序中使用数组的最大好处是用一个数组名代表逻辑上相关的一批数据，用下标表示该数组中的各个元素，与循环语句结合使用，可使程序书写简洁、可读性增强，变量操作更加方便。

其他高级语言也有数组的应用，VB 的数组定义更广泛，它还允许变体型数组中含有不同类型的元素。VB 6.0 还可定义控件数组、对一批同类控件设置属性等。

数组必须先声明后使用，数组用于存放一组相关的数据，数组有名称，存放在数组中的数值通过数组名和下标访问。有一个下标的称一维数组，二个下标的称为二维数组，如 A(10)、B(9,2)等。

数组有静态（定长）数组与动态数组（可变长）之分，定义时，已确定大小的数组为静态数组。

（1）一维数组的定义

```
Dim 数组名(下标) [As 类型]
```

注意：

① 数组名与变量名命名规则相同。

② 下标必须为常数，不能为表达式或变量。

③ 下标形式：[下界 to]上界，下界最小为-32 768，上界最大为 32 767；省略下界，默认值为 0。数组大小为：上界-下界+1。

④ AS 类型：如果缺省，为变体数组，否则为指定类型。

⑤ Dim 语句声明的数组，实际上为系统编译程序提供几种信息：数组名、数组类型、数组维数、各维的大小。

处理一维数组数据，通常可用单循环完成。

【例 7-14】 求班级某门课成绩平均分。

```
Dim score(1 to 100) as single
Sum=0
```

```
For I=1 to 100
    sum=sum+score(i)
Next I
Sum=sum/100
```

（2）多维数组的定义

```
Dim 数组名(下标1[，下标2…]) [As 类型]
```

注意：

① 数组名与变量名命名规则相同。

② 下标必须为常数，不能为表达式或变量，VB 6.0 最多允许有 60 维数组。

③ 下标形式：[下界 to]上界，下界最小为-32 768，上界最大为 32 767；省略下界，默认值为 0。数组每一维大小为：上界-下界+1，数组大小为各维大小的乘积。

④ AS 类型：如果缺省，为变体数组，否则为指定类型。

⑤ Dim 语句声明的数组，实际上为系统编译程序提供几种信息：数组名、数组类型、数组维数、各维的大小。

如：Dim a(1 to 8,1 to 9) as single，大小为 72=8×9。

⑥ 设定数组下标下界语句：Option Base n，设置下界为 n。

处理二维数组数据，通常可用双重循环完成。

【例 7-15】求两行列式的和 c=a+b。

```
option base 1
Dim c(3,3) as integer
Dim a(3,3) as integer
Dim b(3,3) as integer
For i=1 to 3
    For j=1 to 3
    C(i,j)=a(i,j)+b(i,j)
Next j
Next i
```

（3）动态数组的定义

动态数组指在定义时未给出数组的大小（省略括号中的下标），当要使用它时，用 Redim 语句重新指明数组大小。使用动态数组可以根据需要，有效地利用存储空间。

动态数组是程序执行到 Redim 语句时分配存储空间，而静态数组是在程序编译时分配存储空间。

定义方法：

```
Dim 数组名() [as 类型]
...
Redim 数组名(下标1(,下标2…))
```

注意：

① 数组名与变量名命名规则相同。

② 下标可以为常数，也可以为有了确定值的表达式或变量。

③ 在过程中可以多次使用 Redim 来改数组的大小，也可改变数组的维数。

④ 每次使用 Redim 都会清除原数组中的值。可以在 Redim 后使用 Preserve 参数保留数组中的数据，但使用 Preserve 只能改变最后一维的大小。

（4）数组的基本操作

数组是程序设计中最常用的结构类型，将数组元素的下标和循环语句结合使用，能解决大量的实际问题。

① 给数组元素赋值：

利用循环语句赋值。

```
For I=1 to 100
    a(i)=0
Next
```

利用 Array 函数赋值。

```
Dim a as variant
a=array("abc","def","g")               '创建 a 数组，有 3 个数组，上界为 2
```

② 数组的输入。可以通过文本框或 InputBox() 函数输入。

```
For I=1 to 10
    a(i)=inputbox("输入数组 a 的值：",,0)
Next
```

③ 数组的输出。用循环实现数组元素的输出。

```
For i=1 to 10
    Print a(i)
Next
```

【例 7-16】输入 10 个评委的评分，要求去除最高分、最低分，求应试者的最后得分。

```
Dim score(1 to 10) as single,I as integer
Dim Smax,Smin,Suma,AverageA as single
For I=1 to 10
    a(i)=inputbox("第" & I & "个评委评分: ","输入",0)
Next
smax=a(1)                              '假设最大分值与最小分值为 a(1)
sMin=a(1)
Suma=a(1)                              'Suma 存放累加和，初值为 a(1)
For I=2 to 10
    Suma=suma+a(i)
    If smax<a(i) then smax=a(i)        'Smax 不断与 a(i) 比较，交换，从而取得最大值
    If smin>a(i) then smin=a(i)
Next
AverageA=(suma-smax-smin)/8           '去除一个最高分、最低分，求得平均值
```

【例 7-17】创建最值过程，其功能是：从键盘上输入 10 个随机值，找出其中的最大值和最小值。

```
Public Sub zuizhi()
    Dim a(1 To 10) As Integer
    Dim max As Integer, min As Integer, i As Integer
    For i = 1 To 10
        a(i) = Val(InputBox("请输入第" & i & "个整数", "输入提示"))
    Next
    max = a(1)
    min = a(1)
    For i = 2 To 10
        If a(i) > max Then max = a(i)
        If a(i) < min Then min = a(i)
```

```
    Next
    MsgBox "最大值是: " & max & "最小值是: " & min
End Sub
```

5. 过程与函数

VBA 过程可分为 Sub 子过程和 Function()函数过程两种。Sub 子过程无返回值，Function()函数过程有参数和返回值。

（1）Sub 子过程

格式：

```
[public|Private][static]sub 过程名（[参数 as 数据类型]）
    过程语句
    [exit Sub]
    过程语句
End Sub
```

过程的调用形式：

```
Call 过程名（[实参]）
```

（2）Function()函数过程

格式：

```
[public|Private][static]Function 函数名（[参数 as 数据类型]）
    函数语句
    [exit Function]
    函数语句
    函数名=表达式
End Function
```

【例 7-18】创建一个"求方程根"窗体，在窗体的主体节中放置 5 个标签、3 个文本框和一个命令按钮，单击"计算"按钮后，计算方程的根并显示出来。

```
Private Sub Command12_Click()
Dim a As Integer, b As Integer, c As Integer
Text2.SetFocus
a = Val(Text2.Text)
Text4.SetFocus
b = Val(Text4.Text)
Text9.SetFocus
c = Val(Text9.Text)
Call fangcheng(a, b, c)
End Sub
Public Sub fangcheng(x As Integer, y As Integer, z As Integer)
  Dim m As Integer
  Dim x1 As Double, x2 As Double
  m = y * y - 4 * x * z
  If x = 0 Then
    MsgBox "x=" & -z / y, vbOKOnly + vbInformation, "输出结果"
  Else
    If m >= 0 Then
      x1 = (-y + Sqr(m)) / (2 * x)
      x2 = (-y - Sqr(m)) / (2 * x)
      MsgBox "x1=" & x1 & "x2=" & x2, vbOKOnly + vbInformation, "输出结果"
    Else
      MsgBox "方程无实根! ", vbOKOnly + vbInformation, "输出结果"
```

```
      End If
   End If
End Sub
```

7.4 模块与 VBA 程序设计实训

1. 实验目的

① 掌握建立标准模块及窗体模块的方法。

② 熟悉 VBA 开发环境及数据类型。

③ 掌握常量、变量、函数及其表达式的用法。

④ 掌握程序设计的顺序结构、分支结构、循环结构。

⑤ 了解 VBA 的过程及参数传递。

⑥ 掌握变量的定义方法和不同的作用域和生存期。

⑦ 了解数据库的访问技术。

2. 实验内容及要求

① 创建标准模块与窗体模块。

② 常量、变量、函数及表达式的使用。

③ 数据类型、输入、输出函数及程序的顺序结构。

④ 选择结构 if 语句及 Select Case 语句的使用。

⑤ Do...While 循环、For 循环语句的使用。

⑥ VBA 过程、过程的参数传递、变量的作用域和生存期。

⑦ VBA 数据库的访问。

实训 1 创建标准模块和窗体模块

1. 在"教学管理.accdb"数据库中创建一个标准模块"M1",并添加过程"P1"

操作步骤:

① 打开"教学管理.accdb"数据库,选择"创建"选项卡"宏与代码"组,单击"模块"按钮,打开 VBE 窗口。选择"插入"→"过程",如图 7-3 所示,弹出"添加过程"对话框(见图 7-4)。

② 在代码窗口中输入一个名称为"P1"的子过程,如图 7-5 所示。单击"视图"→"立即窗口"菜单命令,打开立即窗口,并在立即窗口中输入"Call P1()",并按【Enter】键,或单击工具栏中的"运行子过程/用户窗体"按钮 ▶,查看运行结果。

③ 单击工具栏中的"保存"按钮,输入模块名称为"M1",保存模块。单击工具栏中的"视图 Microsoft office Access"按钮 ▣,返回 Access。

图 7-3 VBE 菜单栏及插入菜单的下拉菜单

图 7-4 添加过程对话框

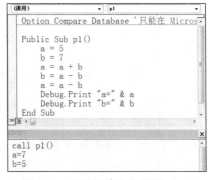

图 7-5 过程的建立及调用

2. 为模块"M1"添加一个子过程"P2"

操作步骤:

① 在数据库窗口中,选择"模块"对象,再双击"M1",打开 VBE 窗口。

② 输入以下代码:

```
Sub P2()
  Dim name As String
  name = InputBox("请输入姓名", "输入")
  MsgBox "欢迎您" & name
End Sub
```

③ 单击工具栏中的"运行子过程/用户窗体"按钮,运行 P2,输入自己的姓名,查看运行结果。

④ 单击工具栏中的"保存"按钮,保存模块。

3. 创建窗体模块和事件响应过程

操作步骤:

① 在数据库窗口中,单击"创建"选项卡,选择"窗体设计",打开窗体的设计视图,选择属性表中的事件选项卡,再选择"单击"项,在其下拉列表框中选择"事件过程",再单击省略号按钮,打开 VBE 窗口,输入以下代码:

```
Private Sub Form_Click()
  Dim Str As String, k As Integer
  Str = "ab"
  For k = Len(Str) To 1 Step -1
    Str = Str & Chr(Asc(Mid(Str, k, 1)) + k)
  Next k
  MsgBox Str
End Sub
```

② 单击保存按钮,将窗体保存为"Form7_1",单击工具栏中的"视图 Microsoft office Access"按钮🔎,返回到窗体的设计视图中。

③ 选择"视图"→"窗体视图"菜单命令,单击窗体左上角的小三角,消息框里显示的结果是 abdb。

实训 2 Access 常量、变量、函数及表达式测试

要求: 按 Ctrl+G 切换到立即窗口界面,通过立即窗口完成以下各题。

1. 填写命令的结果

?7\2	结果为＿＿＿＿＿＿
?7 mod 2	结果为＿＿＿＿＿＿
?5/2<=10	结果为＿＿＿＿＿＿
?#2012-03-05#	结果为＿＿＿＿＿＿
?"VBA"&"程序设计基础"	结果为＿＿＿＿＿＿
?"Access"+"数据库"	结果为＿＿＿＿＿＿
?"x+y="&3+4	结果为＿＿＿＿＿＿

a1 = #2009-08-01#

a2=a1+35

?a2	结果为＿＿＿＿＿＿
?a1-4	结果为＿＿＿＿＿＿

2. 数值处理函数（见表 7-7）

表 7-7　数值处理函数

在立即窗口中输入命令	结　果	功　能
?int(-3.25)		
?sqr(9)		
?sgn(-5)		
?fix(15.235)		
?round(15.3451，2)		
?abs(-5)		

3. 常用字符函数（见表 7-8）

表 7-8　常用字符函数

在立即窗口中输入命令	结　果	功　能
?InStr("ABCD"，"CD")		
c="Beijing University"		
?Mid(c，4，3)		
?Left(c，7)		
?Right(c，10)		
?Len(c)		
d="　BA　"		
?"V"+Trim(d)+"程序"		
?"V"+Ltrim(d)+"程序"		
?"V"+Rtrim(d)+"程序"		
?"1"+Space(4)+"2"		

4. 日期与时间函数（见表 7-9）

表 7-9　日期与时间函数

在立即窗口中输入命令	结　　果	功　　能
?Date()		
?Time()		
?Year(Date())		

5. 类型转换函数（见表 7-10）

表 7-10　类型转换函数

在立即窗口中输入命令	结　　果	功　　能
?Asc("BC")		
?Chr(67)		
?Str(100101)		
?Val("2010.6")		

实训 3　VBA 流程控制

1. 顺序控制与输入输出

要求：输入圆的半径，显示圆的面积。

操作步骤：

（1）在数据库窗口中，选择"模块"对象，单击"新建"按钮，打开 VBE 窗口。

（2）在代码窗口中输入"Area"子过程，过程 Area 代码如下：

```
Sub Area()
  Dim r As Single
  Dim s As Single
  r = InputBox("请输入圆的半径:", "输入")
  s = 3.14 * r * r
  MsgBox "半径为: " + Str(r) + "时的圆面积是: " + Str(s)
End Sub
```

（3）运行过程 Area，在输入框中，如果输入半径为 1，则输出的结果为：＿＿＿＿＿＿。

（4）单击工具栏中的"保存"按钮，输入模块名称为"M2"，保存模块。

2. 选择控制

（1）要求：编写一个过程，从键盘上输入一个数 X，如 $X \geq 0$，输出它的算术平方根；如果 $X < 0$，输出它的平方值。

操作步骤：

① 在数据库窗口中，双击模块"M2"，打开 VBE 窗口。

② 在代码窗口中添加"Prm1"子过程，过程 Prm1 代码如下：

```
Sub Prm1()
  Dim x As Single
  x = InputBox("请输入 X 的值", "输入")
  If  x >= 0 Then
    y = Sqr(x)
```

```
  Else
    y = x * x
  End If
  MsgBox "x=" + Str(x) + "时 y=" + Str(y)
End Sub
```

③ 运行 Prm1 过程,如果在"请输入 X 的值:"中输入:4(回车),则结果为:_____。

④ 单击工具栏中的"保存"按钮,保存模块 M2。

(2)要求:使用选择结构程序设计方法,编写一个子过程,从键盘上输入成绩 X(0~100),如果 X>=85 且 X≤100 输出"优秀",X≥70 且 X<85 输出"通过",X≥60 且 X<70 输出"及格",X<60 输出"不及格"。

操作步骤:双击模块"M2",进入 VBE,添加子过程"Prm2"代码如下:

```
Sub Prm2()
  num1= InputBox("请输入成绩 0~100")
  If num1 >= 85 Then
    result = "优秀"
  ElseIf num1 >= 70 Then
    result = "通过"
  ElseIf num1 >= 60 Then
    result = "及格"
  Else
result = "不及格"
  End If
  MsgBox result
End Sub
```

反复运行过程 Prm2,输入各个分数段的值,查看运行结果,如果输入的值为 85,则输出结果是_____。最后保存模块 M2。

3. 循环控制

(1)要求:求前 100 个自然数的和。

操作步骤:双击模块"M2",进入 VBE 窗口,输入并补充完整子过程"Prm4"的代码,运行该过程,最后保存模块 M2。

过程 Prm4()代码如下:

```
Sub Prm4()
  I = 0
  Do While _____
    I = I + 1
    s = _____
  Loop
  MsgBox s
End Sub
```

(2)要求:计算 100 以内的偶数的平方根的和,要使用 Exit Do 语句控制循环。

操作步骤:双击模块"M2",进入 VBE 窗口,输入并补充完整子过程"Prm5"代码,运行该过程,最后保存模块 M2。

Prm5()过程代码如下:

```
Sub Prm5()
    Dim x As Integer
```

```
   Dim s As Single
   x = 0
   s = 0
   Do While True
     x = x + 1
     If x > 100 Then
       Exit Do
     End If
     If _____ Then
       s = s + Sqr(x)
     End If
   Loop
   MsgBox s
End Sub
```

思考与练习

一、选择题

1. 以下可以得到"3+4=7"结果的 VBA 表达式是（　　　）。

    A. "3+4" & " = " & 3+4   B. " 3+4" + "="+3+4

    C. 3+4 & "=" & +4   D. 3+4+" = " + 3+4

2. VBA 的自动运行宏，必须命名为（　　　）。

    A. Autoexec   B. Autorun   C. exec   D. run

3. 在同一个表达式中，如果有两种或两种以上类型的运算，则按照（　　　）的顺序进行计算。

    A. 算术运算、字符运算、关系运算、逻辑运算

    B. 算术运算、字符运算、逻辑运算、关系运算

    C. 字符运算、算术运算、逻辑运算、关系运算

    D. 字符运算、算术运算、关系运算、逻辑运算

4. 标识符必须由字母和汉字开头，后面可跟（　　　）。

    A. 汉字   B. 数字   C. 下画线   D. 以上都可以

5. Sub 过程和 Function 过程可由（　　　）定义。

    A. Static   B. Private   C. Public   D. 以上都可以

6. 以下常量的类型说明符使用正确的是（　　　）。

    A. Const A1!=2000   B. Const A1%=60000

    C. Const A1%="123"   D. Const A1$=True

7. 以下声明中，I 是整型变量的语句正确的是（　　　）。

    A. Dim I,j As Integer   B. I=1234

    C. Dim I As Integer   D. I As Integer

8. 以下叙述中不正确的是（　　　）。

    A. VBA 是事件驱动型可视化编程工具

    B. VBA 应用程序不具有明显的开始和结束语句

C. VBA 工具箱中的所有控件都要更改 Width 和 Height 属性才可使用

D. VBA 中控件的某些属性只能在运行时设置

9. 以下变量名中，正确的是（ ）。

A. A B   B. C24   C. 12A$B   D. 1+2

10. 从字符串 S 中，第二个字符开始获得 4 个字符的子字符串函数是（ ）。

A. Mid$(S,2,4) B. Left(S,2,4) C. Right$(S,4) D. Left$(S,4)

11. 以下不是 VBA 中变量的作用范围的是（ ）。

A. 模块级   B. 窗体级   C. 局部级   D. 数据库级

12. 以下不是鼠标事件的是（ ）。

A. KeyPress B. MouseDown C. DblClick   D. MouseMove

13. VBA 程序流程控制的方式是（ ）。

A. 顺序控制和分支控制   B. 顺序控制和循环控制

C. 循环控制和分支控制   D. 顺序控制、分支控制和循环控制

14. 以下不是窗体事件的是（ ）。

A. Load   B. Unload   C. Exit   D. Activate

15. 以下不是分支结构的语句是（ ）。

A. If...Then...EndIf   B. While...Wend

C. If...Then...Else...EndIf   D. Select...Case...End Select

16. 以下逻辑表达式结果为 True 的是（ ）。

A. NOT 3+5>8 B. 3+5>8   C. 3+5<8   D. NOT 3+5>=8

17. 标准模块是独立于（ ）的模块。

A. 窗体与报表 B. 窗体   C. 报表   D. 窗体或报表

18. 下面属于 VBA 常用标准数据类型的是（ ）。

A. 数值型   B. 字符型   C. 货币型   D. 以上都是

19. 不属于 VBA 中变量的声明方式的是（ ）。

A. 显式声明 B. 隐式声明   C. 强制声明   D. 自动声明

20. Year(Date)返回（ ）。

A. 当前年份 B. 当前日期   C. 当前年月   D. 当前年月日

21. 25\2 的结果是（ ）。

A. 12   B. 12.5   C. 1   D. 以上都不是

22. 97 Mod 12 的结果是（ ）。

A. 8   B. 1   C. 9   D. 以上都不是

23. 进行逻辑表达式计算时，遵循的优先顺序从高到低是（ ）。

A. 括号,NOT,AND,OR   B. 括号,AND,NOT,OR

C. 括号,NOT,OR,AND   D. 括号,OR,AND,NOT

24. Dim A(10) As Double，则 A 数组共有（ ）个元素。

A. 10   B. 11   C. 12   D. 9

25. Dim A(3,4) As Integer，声明的数组 A 有（ ）个元素。

A. 20   B. 12   C. 15   D. 16

26. 已知 Asc("A")=65，则 Asc("D") = (   )。

    A. 68   B. D   C. d   D. 不确定

27. VBA 中的标识符长度小于 (   ) 个字符

    A. 256   B. 255   C. 128   D. 以上都不是

28. 模块是用 Access 提供的 (   ) 语言编写的程序段。

    A. VBA   B. SQL   C. VC   D. FoxPro

29. 已知程序段：

```
s=0
For i=1 to 10  step 2
s=s+1
i=I*2
Next i
```

当循环结束后，变量 i 的值为 (   )。

    A. 10   B. 11   C. 22   D. 16

30. 定义了二维数组 A(2to5,5)，则该数组的元素个数为 (   )。

    A. 25   B. 36   C. 20   D. 24

31. VBA 的逻辑值进行算术运算时，True 值被当作 (   )。

    A. 0   B. -1   C. 1   D. 任意值

二、简答题

1. 什么是模块？"模块"和"宏"相比有什么优势？

2. 什么是类模块和标准模块？它们的特征是什么？

3. VBA 编程的主要步骤有哪些？

4. VBE 界面由哪些窗口组成？

5. 在面向对象的程序设计中，什么是对象、属性、方法和事件？

6. 窗口有哪些事件？发生的顺序是什么？

7. Sub 过程和 Function 过程的主要区别是什么？

8. 什么是形参？什么是实参？过程中参数的传递有哪几种？它们之间有什么不同？

第 8 章

数据库安全与管理

数据库担负着存储和管理数据信息的任务，要保证数据库系统能安全可靠地运行，必须考虑其安全性。本章主要介绍数据库安全的重要性，对数据库进行加密和解密，以及为了更好地管理数据库，怎样对数据库进行压缩和修复，如何备份和恢复数据库等内容。

8.1 Access 数据库的安全性

数据库的安全性指不允许未经授权而对数据库进行存取与修改，以及防止数据库遭受恶意侵害。通常情况下，对数据库的破坏因素来自因数据库系统崩溃而造成的系统故障，对数据库中的数据非法访问、篡改或破坏的行为，当数据库更新时发生错误而造成数据的不一致等。因此，要保证数据库安全并正确地运行，就要将数据库中需要保护的部分与非保护部分进行隔离，对数据库进行加密/解密，以保证只有合法用户才能登录到数据库。另外，用户应该定期对数据库进行备份，以便在数据库发生问题时，能够及时恢复。

8.2 Access 2010 的安全功能和机制

1. Access 2010 的安全功能

（1）不启用数据库内容时也能查看数据

从 Access 2010 开始，无须决定是否信任数据库，就可以直接查看数据。

（2）更高的易用性

如果在 Access 2010 中打开由早期版本所创建的数据库（例如 mdb 或 mde 文件），并且这些数据库已进行了数字签名，而且已选择信任发布者，那么系统将运行这些文件而不需要用户判断是否信任它们。

（3）信任中心

信任中心是保证 Access 安全的工具，它为设置 Access 的安全提供了一个集中的管理位置。使用信任中心可以为 Access 创建或更改受信任位置并设置安全选项。

（4）更少的警告信息

在 Access 2010 默认的情况下，如果打开一个非信任的 accdb 文件，将只看到一个称为"消息栏"的工具。

（5）使用更强的算法来加密那些使用数据库密码功能的 accdb 文件格式的数据库。加密数据库将打乱表中的数据排列顺序，有助于防止非法用户读取数据。

（6）具有一个禁用数据库运行的宏操作子类。这些更安全的宏包含错误处理功能，用户可以直接将宏嵌入任何窗体、报表或控件属性。

2. 数据库的压缩和恢复

当用户在 Access 2010 数据库中删除数据库或对象，或者在 Access 项目中删除对象时，都可能造成数据库整体结构的零散，浪费有限的磁盘空间。此时，定期对数据库进行压缩和修复操作就显得格外重要。

3. 加密数据库与隐藏数据库

（1）数据库加密

为了设置 Access 数据库密码，要求必须以独占方式打开数据库。密码可以是字母、数字、空格和符号的任意组合，区分大小写，长度应不小于 8 个字符。但如果选择了高级加密选项，就可以使用更长的密码。

密码设置完成后，以后再打开加密的数据库时，系统自动弹出"要求输入密码"对话框。只有输入正确的密码后，才能打开数据库。

如果为数据库定义了用户级安全机制，且不具有数据库管理员权限，则不能设置密码。

（2）数据库解密

对数据库进行解密将不限制用户对对象的访问。数据库解密是加密的逆过程。

（3）撤销数据库密码

撤销给数据库设置的密码非常简单，用独占方式打开数据库后，单击"文件"选项卡中的"信息"，选择"撤销数据库密码"命令，弹出"撤销数据库密码"对话框。在"密码"框中输入之前为数据库设置好的密码，单击"确定"按钮后即可撤销数据库的密码。密码被撤销后，重新打开数据库时就不再需要输入密码了。

（4）隐藏数据库

① 将组和对象显示为半透明和不可用。右击导航窗格顶部的菜单，然后单击"导航选项"。然后在"显示选项"下，选中"显示隐藏对象"复选框。

② 在类别中隐藏组。在导航窗格中，右击要隐藏的组的标题栏，然后单击"隐藏"。

③ 仅在父组中隐藏一个或多个对象。在导航窗格中，右击一个或多个对象，然后单击"在此组中隐藏"。

④ 从所有类别和组中隐藏对象。右击要隐藏的对象，然后单击"视图属性"，弹出对话框，显示该对象的属性，选中"隐藏"复选框。

4. 打包、签名和分发 Access 2010 数据库

如果开发者创建的数据库不是在自己的计算机中使用，而是给别人使用，或者是在局域网中使用，就面临着如何把数据库安全分发给用户的问题。签名是为了保证分发的数据库是安全的。打包的目的是确保在创建该包后数据库没被修改。

使用 Access 2010 可以更方便、快捷地签名和分发数据库。创建 accdb 或 accde 文件后，可以将该文件打包，再将数字签名应用于该包，然后将签名的包分发给其他用户。打包和签名功能会将数据库放在 Access 部署文件（accde）中，再对该包进行签名，然后将经代码签名的包

放在指定的位置。以后，用户可以从包中提取数据库，并直接在该数据库中工作，而不是在包文件中工作。

5. 用户级安全机制

Access 2007 及以前版本提供了用户级安全机制。但对于使用 Access 2010 新文件格式创建的数据库（accdb 和 accde 文件），Access 2010 不提供用户级安全机制，即 Access 2010 仅在为低版本的 Access 中创建的数据库（如 mdb 和 mde 文件）提供用户级安全机制。也就是说，如果在 Access 2010 中打开早期版本创建的数据库，并且该数据库应用了用户级安全机制，则该安全功能对数据库仍然有效。但是如果将该数据库转换成新格式，Access 2010 将丢弃原有的用户级安全机制。

（1）账户、组

组是用户的集合，一个用户可以属于一个或多个组。组内的用户拥有相同的功能权限，可以通过组一次定义组中多个用户的权限。创建一个新用户，并把它加入到该组，它会自动拥有该组的功能权限。

Access 会自动创建两个组：管理员组和用户组，这两个组是永久存在的，不能被删除。系统中的每个用户都属于用户组，而管理员组则是具有所有功能权限的超级用户组。

管理员组中的每个用户可以添加或删除用户与组账户，修改工作组中每个用户或用户组的权限。另外，管理员组的成员还可以删除其他用户账户。

（2）使用权限

权限是用来显示用户对数据库的浏览、更新、添加数据的操作以及在设计视图中使用对象。权限只能由管理员组成员或拥有管理员权限的用户来设定。

（3）设置安全机制向导

Access 2010 中的安全向导工具可以帮助用户保护数据库的安全性。安全向导能够方便地选择要保护的对象，然后创建一个包含所选对象的受保护版本的新数据库。

在使用安全向导时，登录用户必须是管理员组的成员，但不能以管理员身份登录，否则系统会报错。启动安全向导，要以管理员组成员的身份登录，在"数据库工具"选项中选择"管理"组，再选择"用户和权限"选项，在下拉列表中选择"用户级安全机制向导"命令。

6. 信任中心

（1）使用受信任位置中的 Access 2010 数据库

将 Access 2010 数据库放在受信任位置时，所有 VBA 代码、宏和安全表达式都会在数据库打开时直接运行。用户不必在数据库打开时做出信任决定。

（2）打开数据库时启用禁用的内容

默认情况下，如果不信任数据库且没有将数据库放在受信任位置，Access 将禁用数据库中所有可执行的内容。打开数据库时，Access 将禁用该内容，并显示"消息栏"。

与 Access 2003 不同，打开数据库时，Access 2010 不会显示一组模式对话框（需要先做选择然后才能执行其他操作的对话框）。但是，如果希望 Access 2010 恢复这种早期版本行为，可以添加注册表项并显示旧的模式对话框。

8.3　压缩和修复数据库

Access 数据库为了完成各种任务，会创建一些临时的隐藏对象，当 Access 不再需要这些临时对象时，有时仍然会将这些临时对象保留在数据库中。在使用数据库时，会不断地对数据或对象进行添加、更改等操作，使文件变得越来越大。另外，在数据的删除操作中，系统不会自动回收这些被删除对象所占用的磁盘空间，因为数据库中的删除操作并不是进行真正删除，只是在数据库中将要删除的数据标记为"已删除"，虽然表面上删除了数据，而实际上文件大小并不会减少。由于以上原因，就造成了数据库不断膨胀、性能逐渐降低，影响数据库响应速度。因此，需要通过专门的压缩手段，对 Access 数据库性能进行优化。

系统对数据库进行压缩的过程是：首先为要压缩的数据库创建一个临时文件，将原数据库的文件中的所有数据、对象等全部复制到该临时文件中，重新组织文件在磁盘上的存储方式，然后将原文件删除，再将临时文件重命名为原来的数据库文件名，并移回原来的目录。

对数据库的压缩分为自动压缩和手动压缩两种方式。

8.4　备份和恢复数据库

虽然数据库的修复功能可以解决一些因误操作导致的数据库不能正常使用的问题，但并不是所有的数据库问题都能够得到修复，养成定期备份数据库的好习惯，能避免发生数据丢失或数据库损坏所造成的损失。

8.5　ACCDE 文件

我们有时会在 Access 件中编写一些 VBA 代码或宏，来辅助进行数据库的操作。为保护数据库中的代码不被随意查看、修改，以及防止用户创建的窗体、报表等被误修改和删除，提高数据库的安全性，Access 2010 也提供了将 ACCDB 格式的文件转换成 ACCDE 格式的功能，该功能与 Access 2007 以前版本的将 MDB 文件转换成 MDE 文件的做法相似。

ACCDB 文件与 ACCDE 文件在数据库表、窗体、代码的使用方面没有区别，而不同的是：在 ACCDB 文件中，可以随时对窗体、报表、VBA 或宏代码进行增加、变更或删除，因此，我们将 ACCDE 文件理解为是经过编译的、处于"执行"模式的文件，即 ACCDE 文件中只能允许用户执行正常的数据库操作，运行 VBA 或宏代码，也允许对数据库表、查询和宏的导入、导出操作，但是禁止以下操作：

① 在设计模式下，查看、修改或创建窗体、报表。

② 查看或修改 VBA。

③ 对窗体、报表、模块的导入导出操作。

一旦一个 ACCDB 文件使用了密码加密，则生成的 ACCDE 文件也会使用相同的密码加密，解除 ACCDE 文件密码的操作与解除 ACCDB 文件密码的方式相同。

8.6 数据库安全与管理实训

1. 实验目的

① 掌握设置数据库访问密码。

② 掌握压缩和修复数据库的方法。

③ 掌握备份和恢复数据库的方法。

④ 掌握生成 ACCDE 文件的方法。

2. 实验内容和要求

① 设置"教学管理.accdb"数据库的密码。

② 撤销"教学管理.accdb"数据库的密码。

③ 压缩"教学管理.accdb"。

④ 修复"教学管理.accdb"

⑤ 备份"教学管理.accdb"。

⑥ 恢复"教学管理.accdb"。

⑦ 生成 ACCDE 文件。

实训 1 数据库访问密码

1. 设置"教学管理.accdb"数据库的密码

① 启动 Access 2010。

② 单击"文件"选项卡，选择"打开"命令，通过"浏览"找到"教学管理.accdb"数据库。

③ 单击"打开"下拉按钮，选择"以独占方式打开"命令。

④ 打开数据库后，选择"文件"选项卡中的"信息"，选择"用密码进行加密"命令，打开图 8-1 所示的"设置数据库密码"对话框。

⑤ 在"密码"文本框中输入密码，然后在"验证"文本框中再次输入该密码。

⑥ 单击"确定"按钮，完成数据库密码的设置。密码设置完成后，以后再打开加密的数据库时，系统自动弹出"要求输入密码"对话框，如图 8-2 所示。只有输入正确的密码后，才能打开数据库。

图 8-1 "设置数据库密码"对话框

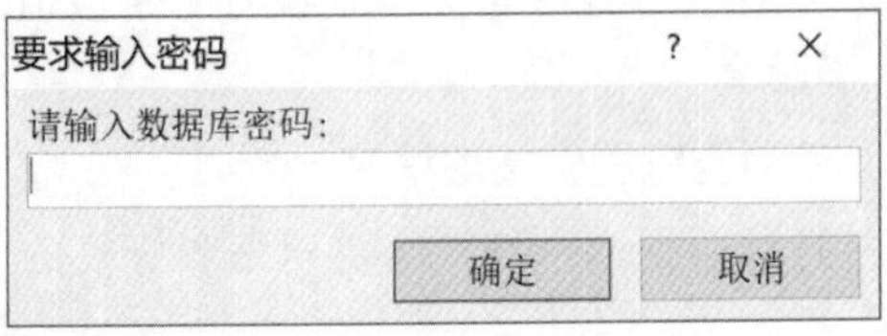

图 8-2 "要求输入密码"对话框

2. 撤销"教学管理.accdb"数据库的密码

① 用独占方式打开"教学管理.accdb"数据库。

② 单击"文件"选项卡中的"信息"，选择"解密数据库"命令，打开图 8-3 所示的"撤销数据库密码"对话框。在"密码"文本框中输入之前为数据库设置好的密码，单击

图 8-3 "撤销数据库密码"对话框

"确定"按钮即可撤销数据库的密码。

实训 2   压缩和修复数据库

1. 自动压缩数据库

① 打开数据库：打开"教学管理"数据库。

② 选择选项：单击"文件"选项卡下的"选项"。在弹出的"Access 选项"对话框中（见图 8-4），选中左侧的"当前数据库"选项，出现"用于当前数据库的选项"内容，选中其中的"关闭时压缩"复选框，单击"确定"按钮。

图 8-4   设置自动压缩数据库

经过上述参数设置后，每当数据库关闭时，会自动对数据库进行压缩。

由于此选项参数只对当前打开的数据库有效，对于要自动压缩和修复的每个数据库，都必须单独设置该选项参数。对数据库的压缩不会影响 Access 项目中的自动编号，但是，如果删除了含有"自动编号"字段的表的结尾记录，压缩数据库会重新设置"自动编号"字段的值，以保证添加的下一个记录的"自动编号"字段值大于数据库表中最后一次未删除的记录的"自动编号"字段值。

2. 手动压缩和修复数据库

① 打开数据库：打开需要压缩和修复的"教学管理"数据库。

② 使用压缩工具：在图 8-5 所示的"数据库工具"选项卡中，单击"压缩和修复数据库"按钮，就能对数据库进行压缩和修复了。

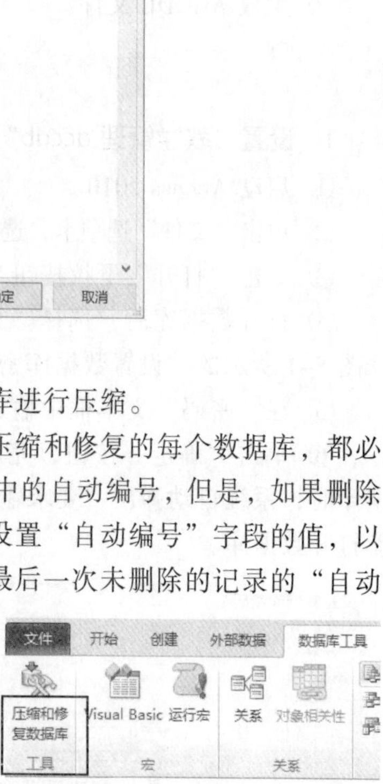

图 8-5   "数据库工具"选项卡

在"文件"中进行操作：

① 打开数据库：打开"教学管理"数据库。

② 压缩和修复数据库：单击"文件"选项卡右侧窗格中的"压缩和修复数据库"按钮，如图 8-6 所示，这时就会对打开的数据库进行压缩和修复了。

图 8-6　压缩和修复数据库

在对数据库手动压缩时，会在状态栏中显示压缩进度，压缩完成后，状态栏显示"就绪"。

实训 3　备份和恢复数据库

1. 备份数据库

① 打开数据库：打开要备份的"教学管理"数据库。

② 选择选项：在 Access 数据库的"文件"选项卡中，选择"保存与发布"选项，并选中"文件类型"为"数据库另存为"选项。

③ 备份数据库：双击"备份数据库"命令，出现图 8-7 所示的"另存为"对话框。Access 在备份数据库时，自动给出默认备份数据库名，默认的备份数据库名的构成为：原数据库名+下画线+当前系统日期。选择备份文件的保存位置，然后单击"保存"按钮，数据库的备份就生成了。

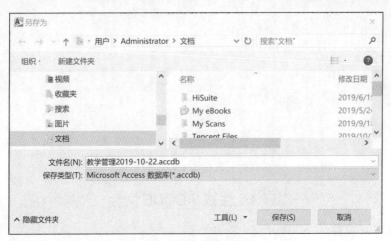

图 8-7　备份数据库

因为备份操作相当于对当前数据库文件制作了一个副本，因此备份操作完成后，仍然保持当前数据库的打开状态。

在 Access 的"文件"选项卡中，也可以选择"数据库另存为"选项，达到备份的目的，但"数据库另存为"与上述"备份数据库"选项做法有如下的区别。

① 默认的文件名为：原数据库名+从 1 开始的顺序数字。

② 单击"另存为"对话框的"保存"按钮后，则打开的是备份数据库（例如打开的是教学管 1.acdB.，而原来打开的数据库被关闭了。

2. 恢复数据库

（1）如果数据库文件已丢失

如果数据库文件已经不复存在，则需要将备份的数据库复制到数据库应在的位置，将数据库名称修改成需要的文件名。将备份数据库文件放回原来位置，是因为如果其他数据库或程序中有链接指向原数据库中的对象，则必须将数据库还原到正确的位置，否则，指向这些数据库对象的链接将失效，必须重新创建。

（2）如果数据库文件已被破坏

如果数据库文件存在，其中的对象遭到破坏，则需要删除损坏的对象，并用导入数据库备份文件的方式，恢复数据库，具体做法同"导入并链接"的导入"Access"选项的操作过程，在图 8-8 所示的对话框中，通过单击"浏览"按钮，指定备份数据源的存储位置，然后按照向导完成数据库的恢复。

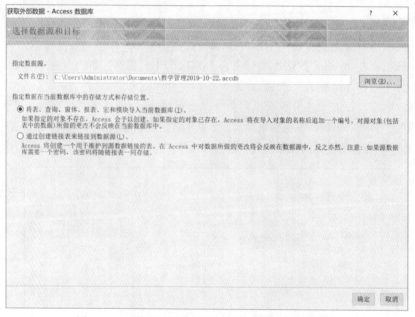

图 8-8 "获取外部数据—Access 数据库"对话框

实训 4 生成 ACCDE 文件

1. 生成 ACCDE 文件

① 打开数据库文件：打开"教学管理"数据库文件。

② 生成 ACCDE 文件：单击"文件"选项卡中"保存并发布"选项，并选中"文件类型"为"数据库另存为"选项，双击"生成 ACCDE"选项，如图 8-9 所示。

③ 输入文件名：在弹出的"另存为"对话框中，给定要生成的 ACCDE 文件名（默认为原来打开的数据库文件名），单击"保存"按钮。

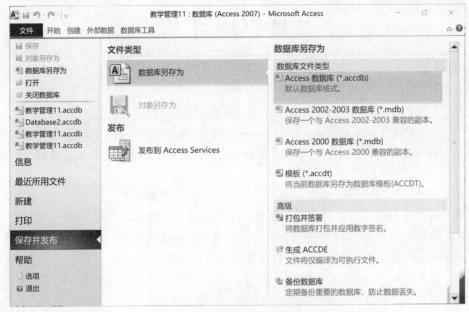

图 8-9　生成 ACCDE 文件

2. 使用 ACCDE 文件

① 打开 ACCDE 文件：打开已经生成的"教学管理.accde"文件。

② 操作窗体或报表：打开任意窗体对象或打开任意报表对象，都能够正常使用，但是不能对它们进行修改或删除。

如果试图将窗体、报表或模块等导出到其他 Access 文件中，则会出现 Access 消息栏。

图 8-10 说明"教学管理"数据库中窗体和报表，分别在 ACCDE 文件和 ACCDB 文件的"设计视图"模式下，显示不同的菜单内容，由此也说明了在 ACCDE 文件中，只能使用窗体、报表对象而无法修改这些对象。

图 8-10　ACCDB 文件和 ACCDE 文件的"设计视图"菜单内容比较

思考与练习

一、选择题

1. 权限只能由（　　　）设定。

    A. 管理员组成员 　　　　　　　　　　B. 普通用户

    C. 拥有管理员权限的用户 　　　　　　D. A 和 C

2. Access 会自动创建两个组：管理员组和用户组，这两个组是（　　　）存在的，不能被删除。

    A. 临时 　　　　B. 永久 　　　　C. 随数据库打开 　　　D. 上述都不正确

3. 管理员组中的用户可以对用户与组账户进行（　　　）操作。

    A. 添加 　　　　B. 删除 　　　　C. 修改权限 　　　D. 上述所有操作

4. 在 Access 2010 中，以（　　　）打开要加密的数据库。

    A. 独占方式 　　　B. 只读方式 　　　C. 一般方式 　　　D. 独占只读方式

5. 工作组是用户、用户组和对象权限的集合，一个工作组文件可以应用于（　　　）数据库。

    A. 当前 　　　　B. 所有 　　　　C. 以前版本 　　　D. FoxPro

6. （　　　）不是 Access 2010 安全性的新增功能。

    A. 信任中心

    B. 使用以往算法加密

    C. 以新方式签名和分发 Ace2010 格式文件

    D. 更高的易用性

7. 在 Access 2010 中已经取消了以前版本中的（　　　）命令来创建一个新的工作组或加现有工作组。

    A. 工作组管理员 　B. 用户与账户 　　C. 权限 　　　D. 数据安全

8. 创建工作组时，Access 会自动创建一个名为（　　　）的用户。

    A. 超级管理员 　　B. 当前操作员 　　C. 操作员 　　　D. 管理员

9. 管理员组的成员可以（　　　）任意用户的密码，非管理员用户只能修改自己账户密码。

    A. 修改 　　　　B. 恢复 　　　　C. 删除 　　　D. 编辑

10. 为用户创建了新密码后，必须（　　　）Access 应用程序并重新启动进入 Access，才能使刚才设置的密码生效，仅仅关闭数据库再打开时无法激活密码设置。

    A. 退出 　　　　B. 最小化 　　　　C. 后台运行 　　　D. 最大化

二、填空题

1. 在为数据库设置密码时，数据库必须以_____方式打开。

2. 在为数据库加密后，在 Access 中并不影响数据库的_____。

3. 权限的类型有_____和_____。

4. Access 提供两个默认组：管理员组和_____，它们不可被_____。

5. 如果想建立或删除用户或组，必须以_____账户登录数据库。

6. 创建工作组信息文件时，需要定义工作组编号 WID，WID 是唯一的由 4 到_____位字母数字组成的字符串。

7．如果为数据库设置了密码，则无法再为数据库设置_____。

8．压缩数据库可以备份数据库、重新安排数据库文件在磁盘中的保存位置，并可以释放部分_____。

9．在实际使用中，Access 2010 提供了数据库_____、备份、修复、优化等特别有用的工具，保持了应用数据库的高效率和高可靠性，提高了信息管理效率。

10．数据库中的一个用户可以同时隶属于多个组，一个组也可以同时有_____用户。

三、思考题

1．如何设置数据库的密码？

2．如何压缩和恢复数据库？

3．Access 2010 的用户级安全机制有何特点？

4．在 Aces 2010 中为 Access 早期版本的数据库设置用户级安全机制时，首先必须做什么？

第 9 章

数据库综合操作案例

9.1 成绩管理系统的设计与实现

本章以一个简单的成绩管理系统为例，详细讲解使用 Access 2010 实现一个数据库应用系统的步骤和方法。读者可以参考设计过程掌握各种数据库对象的设计，掌握怎样利用 VBA 编程把各个单独的数据库对象进行合理的组织，从而设计出有一定使用价值的数据库应用系统，如示例所设计的成绩管理系统。

要开发类似的系统，必须熟练掌握教材所有章节所讲解的基础内容，特别是要对宏和 VBA 数据库编程的知识有较好的掌握。系统开发过程中，要求严格遵照各类数据库对象的设计规范，避免随心所欲、不加思考和不事先进行精心规划就开始进行各数据库对象的设计。因为不按照设计规范的设计将会导致后期的代码编写和系统组织难以进行，增加系统设计的难度和开销，也会给系统将来的扩展和维护带来困难，所以要求读者在学习 Access 的数据库对象时，必须理解各对象的设计规范和规则。

示例设计实现了一个简单的成绩管理系统，包括"专业管理"、"班级管理"、"课程管理"、"学生管理"、"授课计划管理"、"成绩管理"和"用户管理"几个功能模块。其中，"专业管理"、"班级管理"、"课程管理"和"授课计划管理"的实现比较简单，基本没有使用到 VBA 编程部分，而"学生管理"、"成绩管理"和"用户管理"的设计中较多地使用到了 VBA 的 DAO 数据库编程接口。在阅读相关模块代码的时候，要掌握 DAO 中的常用对象及其主要属性和方法。而只有掌握了 VBA 的数据库编程的相关对象，才能用代码实现整个应用系统的功能和控制流程。

希望读者在掌握教材各章节内容的基础上，通过参考实例，设计实现一个类似的数据库应用系统，完成课程所要求的综合实验设计。

9.2 功能模块设计

在系统设计的开始阶段，应按照数据库应用系统使用者（个人、部门、单位）的具体业务需求和工作流程进行功能模块的划分。这里，根据某高校二级学院对成绩管理的基本需求，将成绩管理系统的功能模块划分为"专业管理"、"班级管理"、"学生管理"、"课程管理"、"用户管理"、"成绩管理"和"授课计划管理"，其中，"学生管理"模块包含"学生数据录入修改"和"学生数据查询打印"两个子模块，"成绩管理"模块包含"成绩录入"和"成绩查询打印"

两个子模块。功能模块的划分如图 9-1 所示。

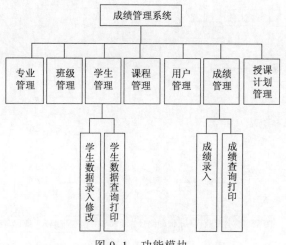

图 9-1　功能模块

"专业管理"、"班级管理"、"课程管理"和"授课计划管理"模块的功能分别是输入、修改、添加和删除专业数据、班级数据、课程数据和授课计划数据。

"学生管理"模块的"学生数据录入修改"子模块的功能是输入、修改、添加和删除学生数据,"学生数据查询打印"子模块的功能是按班级查询和打印学生信息。

"成绩管理"模块的"成绩录入"子模块的功能是按班级和课程录入与修改成绩,"成绩查询打印"子模块的功能是按班级查询和打印单科课程的成绩、按班级查询和打印学期综合成绩。

有了功能模块后,就可以按照数据库应用系统的设计特征,详细设计、实现各个功能了。

9.3　数据库概念模型设计

数据库设计要经历从概念设计到具体物理实现的过程。在概念模型设计阶段,首先,通过分析确定系统要处理哪些实体,实体之间是什么联系,以及这些实体及其联系应具有哪些属性,并通过实体联系图(E-R 图)进行描述,然后,将 E-R 图中的实体和联系转换为关系模式。完成数据库的概念模型设计后,进行数据库的物理实现,即将概念模型转化为 Access 的数据库和表,以存储整个系统要加工处理的数据。

在关系数据库应用系统的设计中,用数据表来表示现实世界中的实体集信息以及多个实体集之间的联系信息。用数据表中的字段表示实体以及实体间联系的属性。实体间的联系有 3 种类型:一对一联系、一对多联系和多对多联系。这里的高校二级学院(系部的成绩管理系统中涉及的实体有专业、班级、学生、课程,另外可能还需要考虑到学院、教师等。实体之间的联系有包含、授课计划和成绩。其中,"包含"表示专业和班级之间的一对多联系,也表示班级和学生之间的一对多联系。"授课计划"表示专业和课程之间的多对多联系,"成绩"表示学生和课程之间的多对多联系。实体及其联系、实体的属性以及实体之间联系的属性用概念模型设计阶段的 E-R 图表示,如图 9-2 所示。

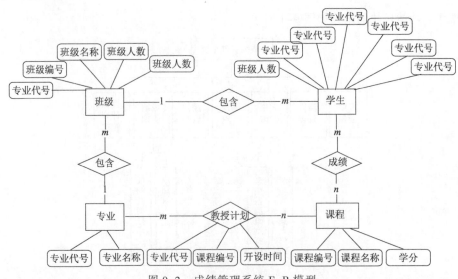

图 9-2　成绩管理系统 E-R 模型

需要说明的是，E-R 模型是通过分析实体及其联系、联系的类型、实体及各种联系的属性来设计的，是为数据库的物理实现服务的，因此非常必要。很多初学者在数据库设计阶段，常常跳过 E-R 模型的设计，直接进行数据库和表的物理实现，这样往往会因为数据库的设计不规范、表的结构不合理、不满足表设计的各种范式等问题，导致系统运行过程中产生大量的数据冗余，甚至出现各个数据表中的数据不一致等现象。

实体及联系对应的关系模式为：专业（专业代号，专业名称），班级（专业代号，班级编号，班级名称，班级人数，入学年份），学生（班级编号，学号，姓名，性别，家庭地址，学生电话，家长电话），课程（课程编号，课程名称，学分），授课计划（专业代号，课程编号，开设时间），成绩（学号，课程编号，成绩）。

9.4　数据库和表的设计

Access 数据库由多种数据库对象组成，包括数据表、查询、窗体、报表、宏和模块。数据库的物理实现阶段的主要任务是完成数据表的设计。设计一个表的字段时，应只突出反映这个表所表示的实体的主题，不要把太多无关的属性设计为这个表的字段。比如说，不要对"班级"实体增设"专业名称"属性，因而不要在"班级"表中增设"专业名称"字段。类似地，"学生"表中不需要"班级名称"字段。又如，在"成绩"表中，如果包含"课程名称"、"姓名"、"通信地址"和"联系电话"等字段，同样会违背表的设计原则，不仅会造成表中的数据冗余，而且也容易导致多个表中存储的数据出现不一致问题。

表设计以概念模型设计阶段的设计结果为依据。方法是，将实体转化为数据表，实体的属性转化为对应表中的字段。在关系模型中，实体之间的联系也用关系来表示，联系也有相关的属性，因此，必要时联系也要转化为表，联系的属性也要转化为对应表中的字段。比如，将图 9-2 中的"授课计划"联系和"成绩"联系分别转化为"授课计划"表和"成绩"表。至于字段的数据类型，则取决于其他数据库对象（查询、窗体、报表和模块代码）中对该字段进行什么样的运算。

下面是在 E-R 模型的基础上，对各数据表结构的设计。另外，为了方便实现各个功能模块，对每个数据表增加了一些必要的约束规则。

1. "专业"表的设计

（1）"专业"表的字段

"专业"表的字段如表 9-1 所示。

表 9-1　"专业"表

字段名	数据类型	字段长度	小数	必需	主键	外键
专业代号	文本	2		是	是	
专业名称	文本	15				

（2）其他约束规则

"专业代号"字段的有效性规则为"Len([专业代号])=2"。

"专业代号"字段的有效性文本为"专业代号必须设置为两位字符"。

（3）说明

考虑到在之后的功能设计中，"学生"表按照"学号=入学年份+专业代号+班级编号+学生序号"（学生序号固定为两位）的规则生成定长的学号值，所以在"专业"表的结构设计中增加了以上规则。

2. "班级"表的设计

（1）"班级"表的字段

"班级"表的字段如表 9-2 所示。

表 9-2　"班级"表

字段名	数据类型	字段长度	小数	必需	主键	外键
专业代号	文本	2				是
班级编号	文本	2		是	是	
班级名称	文本	20				
入学年份	整型		0			
班级人数	整型		0	是		

（2）其他约束规则

"专业代号"字段的查阅属性为显示控件：组合框；行来源类型：表／查询；行来源：专业；绑定列：1；列数：2；列宽：1 cm，5 cm。

"班级编号"字段的有效性规则为"Len（[班级编号]）=2"。

"班级编号"字段的有效性文本为"班级编号必须设置为两位字符"。

"入学年份"字段的有效性规则为"> =2000 And<=Year（Date()）"。

"入学年份"字段的有效性文本为"入学年份必须设置为 2000~本年度年份的值"。

"班级人数"字段的有效性规则为">0"。

"班级人数"字段的有效性文本为"班级人数必须大于 0"。

"班级人数"字段的"必需"选项选择为"是"。

（3）说明

对于外键字段"专业代号"的查阅属性的设置很重要，因为进行这样的设置之后，在窗体、报表的设计中，和该字段绑定的控件的查阅属性，包括行来源类型、行来源等将由系统自动完成设置，这样可以简化设计，提高设计的效率。这一点，在其他表的设计中不再重复说明。

考虑到在之后的功能设计中，"学生"表中的记录由系统自动生成，而记录数又和班级人数有关，所以将"班级人数"字段的"必需"选项选择为"是"。

当一个字段被确定为主键之后，即使表的设计视图中的"必需"选项为"否"，在表的数据表视图中输入数据时，主键字段都必须填值，即不允许主键取 Null 值。所以，对表 9–1 和表 9–2 中的主键字段，"必需"属性均设置为"是"，希望读者能够正确理解。

文本类型字段的"允许空字符串"选项指的是为该字段填写数据时，是否允许填写 0 长度字符串，0 长度字符串也是一个确定的值，并非空值（Null 值）。

3．"学生"表的设计

（1）"学生"表的字段

"学生"表的字段如表 9–3 所示。

表 9-3　"学生"表

字段名	数据类型	字段长度	小数	必需	主键	外键
班级编号	文本	2				是
学号	文本	10		是	是	
姓名	文本	10				
性别	是/否		0			
家庭地址	文本	30	0			
学生电话	文本	11				
家长电话	文本	11				

（2）其他约束规则

"学号"字段的有效性规则为"Len([学号])= 10"。

"学号"字段的有效性文本为"学号必须设置为 10 位字符"。

（3）说明

"性别"字段选择为是／否型，系统约定"是"表示男性，"否"表示女性。

4．"课程"表的设计

（1）"课程"表的字段

"课程"表的字段如表 9–4 所示。

表 9-4　"课程"表

字段名	数据类型	字段长度	小数	必需	主键	外键
课程编号	文本	4		是	是	
课程名称	文本	15				
学分	文本		0			

（2）其他约束规则

"课程编号"字段的有效性规则为"Len([课程编号])= 4"。

"课程编号"字段的有效性文本为"课程编号必须设置为 4 位字符"。

5．"授课计划"表的设计

（1）"授课计划"表的字段

"授课计划"表的字段如表 9-5 所示。

表 9-5 "授课计划"表

字段名	数据类型	字段长度	小数	必需	主键	外键
专业代号	文本	2			是	是
课程编号	文本	4			是	是
开设时间	文本	10		是		

（2）其他约束规则

"专业代号"字段的查阅属性为显示控件：组合框；行来源类型：表／查询；行来源：专业；绑定列：1；列数：2；列宽：1 cm，5 cm。

"课程编号"字段的查阅属性为显示控件：组合框；行来源类型：表／查询；行来源：课程；绑定列：1；列数：2；列宽：1 cm，5 cm。

"开设时间"字段的查阅属性为显示控件：组合框；行来源类型：值列表；行来源：第一学年第一学期，第一学年第二学期，第二学年第一学期，第二学年第二学期，第三学年第一学期，第三学年第二学期，第四学年第一学期，第四学年第二学期。

（3）说明

"授课计划"表的数据表示"专业"表和"课程"表之间的多对多联系。"专业"表和"授课计划"通过"专业代号"体现一对多联系，"课程"表和"授课计划"表通过"课程编号"体现一对多联系，这两个一对多联系表示了"专业"表和"课程"表的多对多联系。在"授课计划"表中；"专业代号"和"课程编号"字段是外键，这两个字段的组合构成了该表的主键。在之后的功能设计部分，使用"授课计划管理"模块完成授课计划的设置，也就是使用"授课计划管理"窗体向"授课计划"表中填写数据时，外键字段"专业代号"和"课程编号"各自可以取重复的值，这样也正好体现出"专业"和"课程"的多对多联系。

6．"成绩"表的设计

（1）"成绩"表的字段

"成绩"表的字段如表 9-6 所示。

表 9-6 "成绩"表

字段名	数据类型	字段长度	小数	必需	主键	外键
学号	文本	2			是	是
课程编号	文本	4			是	是
成绩	单精度					

（2）其他约束规则

"成绩"字段的有效性规则为"$>=0$ And $<=100$"。

"成绩"字段的有效性文本为"成绩输入错误！须输入 0~100 的值！"。

"课程编号"字段的查阅属性为显示控件：组合框；行来源类型：表／查询；行来源：课程；绑定列：1；列数：2；列宽：1 cm，5 cm。

（3）说明

"成绩"表的数据表示"学生"表和"课程"表的多对多联系，这和"授课计划"表是类似的。另外，"成绩"表主要用来存储学生所学课程的成绩。在之后的功能设计部分，"成绩管理"模块主要操作的对象是"成绩"表。

9.5　系统功能的详细设计

数据库和表是实现整个系统各个功能模块中所涉及的各项功能的基础。各功能模块所涉及的各个数据库对象，以及编写的 VBA 模块代码在运行中均直接或间接地以表作为数据源。目前，已完成数据库和表对象的设计。为了实现各个功能模块的功能，还需设计实现其他的数据库对象，包括查询、窗体、报表、宏和模块。这些数据库对象是整个数据库应用系统的核心。

"成绩管理系统"的设计中用到了大量的表格式窗体（也称表格式表单窗体），也较多地用到了 VBA 数据库编程的接口 DAO，下面首先对表格式窗体和 DAO 进行简单介绍，然后讲述各个功能模块的设计与实现过程。

1. 表格式窗体

（1）表格式窗体的特点

表格式窗体不提供数据表视图，在窗体视图中以二维表格形式显示窗体记录源的数据。记录源可以设置为表或查询。在运行中也可以以代码方式将其记录源设置为查询语句。当记录源是表时可以添加记录，但不提供删除记录的功能。如果要删除记录，可以通过在窗体模块中编写相关的事件代码或宏来实现。

（2）表格式窗体的设计

这里以"班级"表为数据源（记录源），设计表格式窗体。首先进入窗体设计视图，指定窗体的记录源为"班级"表，并拖动字段列表中的字段创建绑定型控件。设计视图如图 9-3 所示。

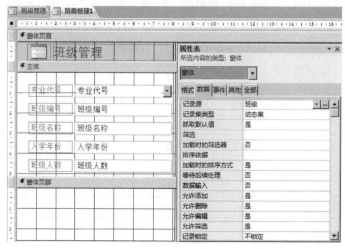

图 9-3　窗体设计

在图 9-3 所示的窗体设计视图中选定所有控件后，右击，在弹出的快捷菜单中选择"布局／表格"，调整控件位置和窗体各节的高度。在属性表中将窗体的"默认视图"选择为"连续窗体"。设计效果如图 9-4 所示。

图 9-4　窗体设计

至此，完成了表格式窗体的设计。窗体视图如图 9-5 所示。在之后的设计中较多地用到了表格式窗体，设计过程不再赘述。

图 9-5　表格式窗体的窗体视图

2. 数据访问对象

数据访问对象（DAO）是 VBA 提供的一种数据访问接口，包括数据库创建、表和查询的定义工具等工具，借助 VBA 代码可以灵活地控制数据访问的各种操作。

（1）DAO 模型结构

DAO 模型的分层结构简图如图 9-6 所示，它包含了一个复杂的可编程数据关联对象的层次，其中DBEngine 对象处于最顶层，它是模型中唯一不被其他对象所包含的数据库引擎本身。层次低一些的对象，如 Workspace(s)、Database(s)、QueryDef(s)、Recordset(s)、Field (s)是 DBEngme 下的对象层，其下的各种对象分别对应被访问的数据库的不同部分。

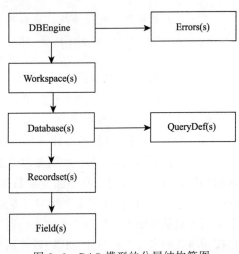

图 9-6　DAO 模型的分层结构简图

在程序中设置对象变量，并通过对象变量来调用访问对象的方法、对象的属性，这样就实现了对数据库的各项访问操作。

下面对 DAO 的对象层次分别进行说明：

① DBEngine 对象：表示 Microsoft Jet 数据库引擎。

② Workspace 对象：表示工作区。

③ Database 对象：表示操作的数据库。

④ Recordset 对象：表示数据操作返回的记录集。

⑤ Field 对象：表示记录集中的字段数据信息。

⑥ Error 对象：表示数据提供程序出错时的扩展信息。

（2）利用 DAO 访问数据库

通过 DAO 编程实现数据访问时，首先要创建对象变量，然后通过对象方法和属性来进行操作。下面给出数据库操作的一般语句和步骤。

```
'定义对象变量
Dim ws as DAO. Workspace
Dim db as DAO.Database
Dim rs as DAO. Recordset
'通过 Set 语句设置各个对象变量的值
Set ws=DBEngine.workspace (O)              '打开默认工作区
Set db=ws. OpenDatabase (<数据库文件名>)      '打开数据库文件
Set rs=db. OpenRecordset (<表名、查询名或 SQL 语句>  '打开记录集
Do While Not rs. EOF
…
    rs. MoveNext
Loop
rs.close
db.close
Set rs=Nothing
Set db=Nothing
…
```

注意：如果操作当前数据库，可以用 Set db=CurrentDb()来替换下面两条语句。

```
Set ws=DBEngine.workspace(0)
Set db=ws.OpenDatabase (<数据库文件名>)
```

3."专业管理"模块的设计与实现

"专业管理"模块的功能比较简单，主要是通过窗体完成专业数据的输入，另外还具有专业数据的浏览、修改和删除功能。

（1）"专业管理"窗体的设计

"专业管理"窗体以"专业"表为记录源，设计为表格式窗体。表格式窗体不提供删除记录的功能，考虑到有时会有删除专业数据的要求，在窗体中添加了删除当前记录的命令按钮（command_Delete）。由于只需直接对"专业"表进行操作，因此不需要其他数据库对象作辅助。删除当前记录按钮（标题为"删除当前行"），用按钮向导创建，向导在窗体模块中自动生成响应按钮事件的嵌入宏，对此宏代码进行适当修改，加入了删除记录前显示消息框进行删除确认的功能。"专业管理"窗体的设计视图如图 9-7 所示，窗体视图如图 9-8 所示。

图 9-7　"专业管理"窗体的设计视图 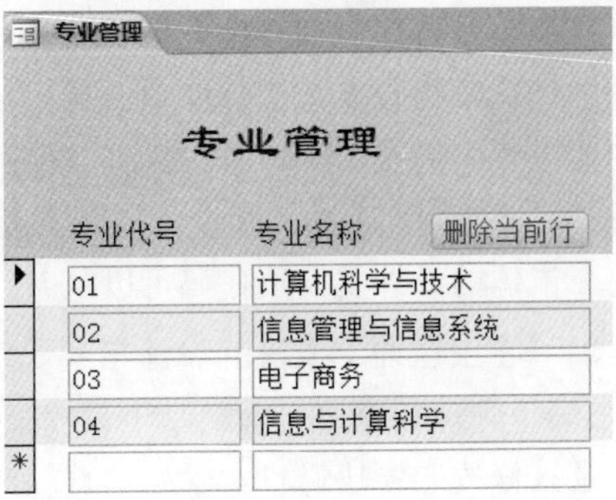　　　图 9-8　"专业管理"窗体的窗体视图

（2）"删除当前行"按钮（command_Delete）事件的嵌入宏的代码

"删除当前行"按钮事件的嵌入宏的代码结构如图 9-9 所示。

```
☐ If  MsgBox("如果不是注销此专业就不要删除专业记录!" & Chr(13) & "删除专业记录将会同时级联删除相关班级数据以及学生数据!" & Chr(13) & "也会同时级联删除成绩数据!" & Chr(13) & "请确认是否删除当前行的专业信息?",68,"message")=6   Then
       OnError
           转至  下一个
           宏名称
       GoToControl
           控件名称  =[Screen].[PreviousControl].[Name
       ClearMacroError
     ☐ If  Not [Form].[NewRecord]  Then
           RunMenuCommand
               命令  DeleteRecord
       End If
     ☐ If  [Form].[NewRecord] And Not [Form].[Dirty]  Then
           Beep
       End If
     ☐ If  [Form].[NewRecord] And [Form].[Dirty]  Then
           RunMenuCommand
               命令  UndoRecord
       End If
     ☐ If  [MacroError]<>0  Then
           MessageBox
               消息  =[MacroError].[Description]
           发嘟嘟声  是
           类型  无
           标题
       End If
 End If
```

图 9-9　删除记录嵌入宏的代码结构

4. "班级管理"、"课程管理"和"授课计划管理"模块的设计与实现

"班级管理"、"课程管理"和"授课计划管理"模块分别通过"班级管理"窗体、"课程管理"窗体和"授课计划管理"窗体实现，和前面所讲的"专业管理"窗体的设计实现过程相似，它们分别以"班级"表、"课程"表和"授课计划"表为记录源直接操作这些表，在表中输入或修改数据。向"授课计划"表中输入授课计划数据就完成了授课计划的设置。要注意的是，授课计划是按照专业设置的，一个专业要对应多个班级，所以不能按照班级设置授课计划。在"授课计划"表中，"专业代号"和"课程编号"字段都是外键字段，可以取重复的值。"专业"表与"授课计划"表是按"专业代号"的一对多联系，"课程"表与"授课计划"表是按"课程编号"的一对多联系，"授课计划"表的数据表示了"专业"表与"课程"表之间的多对多联系。

在使用"授课计划管理"窗体时,对"专业代号"和"课程编号"列(注意:这两列在窗体中分别显示为专业名称和课程名称,绑定列为专业代号和课程编号),通过选取重复值来为一个专业设置多门课程,同样为一门课程选择多个专业。对于课程的开设时间(即开课学期),由于对"授课计划"表的"开设时间"字段设置了有效性规则,从而保证了用户不会选择非法值。这 3 个窗体的设计及模块代码可以从系统中查看,这里不再赘述。

5. "学生管理"模块的设计与实现

"学生管理"模块包含"学生数据录入修改"和"学生数据查询打印"两个子模块。"学生数据录入修改"模块通过"学生信息输入"窗体实现,设计中就用到了 VBA 的 DAO 数据库编程。"学生数据查询打印"模块通过"学生信息查询"窗体实现,设计中用到了"学生信息"查询和"学生信息"报表。"学生信息"报表以"学生信息"查询为记录源实现打印功能。下面分别给以说明。

(1)"学生数据录入修改"子模块的设计与实现

① "学生信息输入"窗体的设计

此窗体是一个表格式窗体,功能是向"学生"表输入数据或修改"学生"表中已有的数据。输入、修改学生数据通常都是以班级为单位的。随着系统的长期运行,"学生"表中会存储很多班级成千上万学生的记录数据,怎样在窗体运行时按指定班级筛选学生记录是设计的关键。如果通过代码将表格式窗体的记录源设置为 SQL 查询语句,那么在窗体运行时,就能显示 SQL 查询语句检索到的记录,并能修改查询的数据源表。

在窗体的窗体页眉节添加一个用来输入班级名称的组合框,代码中通过组合框的选择来构造 SQL 查询语句的查询条件。这样就实现了该窗体的基本功能。如果用户在系统运行中输入了班级信息,但没有输入该班级的学生信息,那么 SQL 查询语句将检索不到相关记录,这时,可以在"班级"表中查找该班级的班级人数,在"学生"表中按班级人数插入记录,插入记录的学号值可以动态生成,保证学号值的唯一性。之后将窗体的记录源设置为 SQL 查询语句,以获取所插入的记录,并将其显示在窗体上,达到输入该班级学生信息的目的。

通过编程在一个窗体中同时实现了班级学生数据的输入和修改的功能。"学生信息输入"窗体的设计视图如图 9-10 所示,窗体视图如图 9-11 所示。

图 9-10 "学生信息输入"窗体的设计视图

（提示：选择表尾行的*标记可以插入学生记录行并输入数据）

图 9-11　"学生信息输入"窗体的窗体视图

② "学生信息输入"窗体的窗体模块代码。

```
Option Compare Database

Dim existStudent As Boolean          '标记变量，标记学生表是否存在选择的班级的学生
Dim ws As DAO.Workspace
Dim db As DAO.Database
Dim rsStudent As DAO.Recordset       '学生表查询记录集
Dim rsClass As DAO.Recordset         '班级表查询记录集
Dim fd_StudentCount As Field         '学生表应插入学生记录的个数(班级人数)
Dim fd_Year As Field                 '根据入学年份、专业代号和班级编号生成定长的学生
                                                学号，保证唯一性
Dim fd_MCode As Field
Dim fd_ClassCode As Field
Dim studentCode As String            'studentCode 保存动态生成的学号，应具有唯一性

'班级名称组合框(Combo_className)更新后事件代码
Private Sub Combo_className_AfterUpdate()
    If Len(Nz(Me.Combo_className)) = 0 Then
        Me.RecordSource = "select * from 学生 where false"
    Else
        Dim strsql As String
        '对学生表查询的记录集
        Set rsStudent = db.OpenRecordset("select * from 学生 where 班级编号="
& "'" & Combo_className.Column(1) & "'")
        '对班级表查询的记录集
        Set rsClass = db.OpenRecordset("select * from 班级 where 班级编号=" &
"'" & Combo_className.Column(1) & "'")
        Set fd_StudentCount = rsClass.Fields("班级人数")
```

```
        Set fd_Year = rsClass.Fields("入学年份")
        Set fd_MCode = rsClass.Fields("专业代号")
        Set fd_ClassCode = rsClass.Fields("班级编号")

        Dim studentCount As Integer
        studentCount = 0                    '统计保存该班级的学生人数
        Do While Not rsStudent.EOF
            studentCount = studentCount + 1
            rsStudent.MoveNext
        Loop

        If studentCount = 0 Then        '如果学生表不存在该班级学生记录时的处理
            existStudent = False
            MsgBox "学生表中尚无此班学生的信息，请录入!", vbOKOnly + vbInformation
+ vbDefaultButton1, "提示"
            MsgBox "需录入" & fd_StudentCount & "个学生的信息! 请单击确定开始插入
学生记录! ", vbOKOnly + vbInformation + vbDefaultButton1, "提示"
            '关闭插入记录时的警告信息
            DoCmd.SetWarnings False
            '按班级人数插入学生记录，动态生成定长的学号
            For i = 1 To Val(fd_StudentCount)
                studentCode = fd_Year & fd_MCode & fd_ClassCode & IIf(i < 10,
"0" & LTrim(str(i)), LTrim(str(i)))
                strsql = "insert into 学生 (班级编号,学号) values(" & "'" &
Combo_className.Column(1) & "'," & "'" & studentCode & "')"
                DoCmd.RunSQL strsql
            Next
            MsgBox "已在学生表中插入了" & fd_StudentCount & "个学生记录,请录入学
生信息! ", vbOKOnly + vbInformation + vbDefaultButton1, "提示"
            DoCmd.SetWarnings True        '开启警告信息
        Else
            '学生表存在该班级学生记录时的处理
            MsgBox "此班有" & Trim(str(studentCount)) & "位学生, 请修改! ",
vbOKOnly + vbInformation + vbDefaultButton1, "提示"
        End If

        '按班级名称(Combo_className)组合框的条件构造查询语句，设置窗体记录集
        Me.RecordSource = "select * from 学生 where 班级编号=" & "'" &
Combo_className.Column(1) & "'"
        '标记变量 existStudent 为假，学生表无该班级学生记录，记录是系统插入的，此时为
录入，否则为修改
        If Not existStudent Then
            MsgBox "注意这里的学号是系统生成的，可以修改为具体的实际学号值，但要保证非
空非重复! ", vbOKOnly + vbInformation + vbDefaultButton1, "提示"
            existStudent = True        '已经插入了学生记录并输入了数据，有该班级学生的
                                                     标记置真
        End If
        Me.Command_delete.Enabled = True        '允许删除当前行按钮

        rsStudent.Close
```

```
        rsClass.Close
        Set rsStudent = Nothing
        Set rsClass = Nothing
    End If
End Sub

Private Sub Command_quit_Click()
    DoCmd.Close
End Sub

Private Sub Form_Open(Cancel As Integer)
    'Set ws = DBEngine.Workspaces(0)
    'Set db = ws.OpenDatabase("C:\Users\Administrator\Desktop\access2010
综合实验\scoremanager.accdb")
    Set db = CurrentDb()      '如果要操作当前数据库，用此语句代替以上两条语句
    '窗体打开时总假定学生表有该班级学生记录，标记变量 existStudent 置真
    existStudent = True
    '窗体打开时不显示记录
    Me.RecordSource = "select * from 学生 where false"
    '禁用删除当前行按钮
    Me.Command_delete.Enabled = False
End Sub

Private Sub Form_Unload(Cancel As Integer)
    db.Close
    Set db = Nothing
End Sub

Private Sub 窗体页眉_Click()

End Sub
```

（2）"学生数据查询打印"子模块的设计与实现

"学生数据查询打印"子模块的基本功能是能够按照班级查询学生信息，基本思路是基于"班级"表和"学生"表设计一个查询"学生信息"，以此查询的 SQL 语句为窗体的记录源，使得系统运行时通过窗体显示查询的数据。具体方法是，设计一个名为"学生信息在询"的窗体，以"学生信息"查询为记录源先完成窗体的控件和界面布局的设计，运行中通过 VBA 代码实现按照班级名称条件筛选记录的功能，代码中根据班级名称构造出相关的 SQL 语句，并指定为窗体的记录源，以显示查询的结果。学生数据的打印功能通过"学生信息"查询和"学生信息"报表实现。报表以查询为记录源。窗体中设计了一个"打开报表"按钮，此按钮的功能是打开报表，同时按照班级名称条件对记录进行筛选。该按钮是用按钮向导生成的，其事件代码是系统生成的嵌入宏，适当修改，增加按班级名称条件对报表记录源进行筛选的功能。

①"学生信息"查询的设计。"学生信息"查询的设计视图如图 9-12 所示。

②"学生信息查询"窗体的设计。"学生信息查询"窗体的设计视图如图 9-13 所示，因为以数据表为记录源的查询可以更改源表的数据，所以在图 9-13 所示的窗体的设计视图中，要将各个绑定型控件的"可用"属性选择为"否"，即不可用，以免在窗体视图中修改源表的数据，这样起到查询窗体的作用。"学生信息查询"窗体的窗体视图如图 9-14 所示。该窗体的模块代

码请查阅系统中的设计。

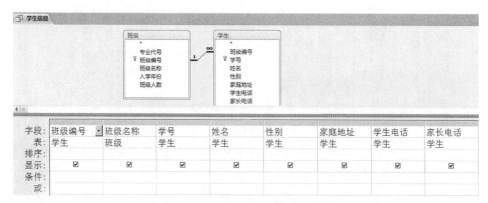

图 9-12　"学生信息"查询的设计视图

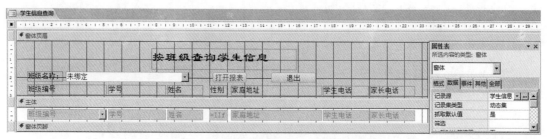

图 9-13　"学生信息查询"窗体的设计视图

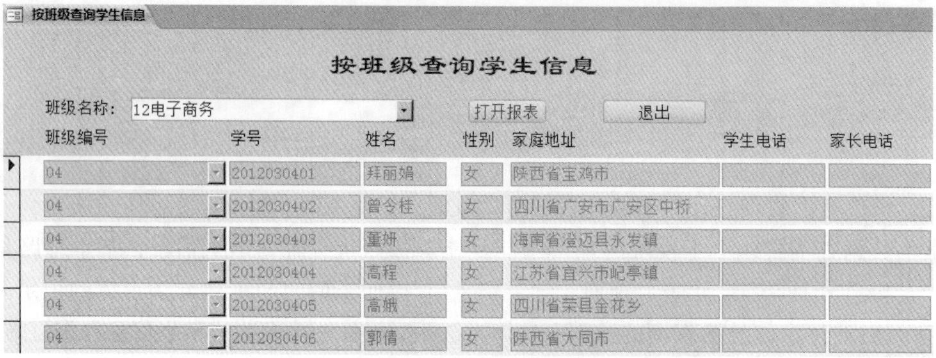

图 9-14　"学生信息查询"窗体的窗体视图

③ "学生信息"报表的设计。学生数据打印功能的实现涉及 "学生信息" 查询和 "学生信息" 报表。"学生信息" 报表以 "学生信息" 查询为记录源。在窗体打开后，单击 "打开报表" 按钮来打开报表。由于此按钮的设计中实现了按班级名称条件筛选记录的功能，因此报表打开后显示指定班级的学生记录。筛选记录需对 "打开报表" 按钮的事件的嵌入宏进行修改，以增加按班级名称条件进行筛选的功能。进入报表视图后切换至打印预览视图，选择 "打印预览" 选项卡中 "打印" 选项即可打印报表。"学生信息" 报表的设计视图和报表视图分别如图 9-15 和图 9-16 所示。"打开报表" 按钮的事件的嵌入宏的代码如图 9-17 所示。

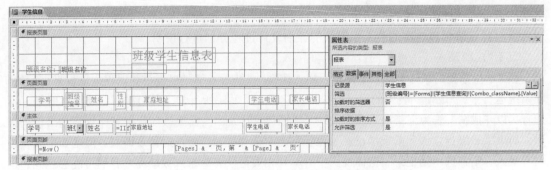

图 9-15 "学生信息"报表的设计视图

图 9-16 "学生信息"报表的报表视图

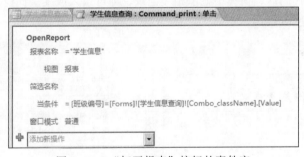

图 9-17 "打开报表"按钮的事件宏

6. "成绩管理"模块的设计与实现

"成绩管理"模块是系统的核心模块，包含"成绩录入"和"成绩查询打印"两个子模块。"成绩录入"子模块通过"成绩输入"窗体实现，其中较多地使用了 VBA 数据库编程。"成绩查询打印"子模块实现了两种查询方式：一种是按班级查单科课程的成绩，另一种是按班级和开课学期查所有已录入了成绩的课程的成绩。为了实现按班级查单科课程成绩的功能，设计了"单科成绩查询"窗体和"单科成绩"查询。为了实现按班级和开课学期查所有课程成绩的功能，设计了"学期综合成绩查询"窗体。"学期综合成绩查询"窗体的功能是用 VBA 代码实现的。设计了两个起辅助作用的查询："学期综合成绩交叉表"和"学期课程门数"。将这两个查询的 SQL 视图中的 SOL 语句复制到模块的代码中，提高了编写代码的效率。交叉表查询很有特色，功能比较强大，读者在学习中应该重点掌握。"学期课程门数"查询的功能是查指定班级、指定学期已经录入了成绩的课程的门数。

下面对成绩管理模块的各个子模块的详细设计过程分别进行说明。

（1）"成绩录入"子模块的设计与实现

和"学生数据的录入修改"子模块一样，通常，成绩录入都是以班级和课程为单位来进行的。在系统运行中，"成绩"表中的记录数最大，它保存了学院所有学生各门课程。要注意的是，不能直接以"成绩"表为记录源来实现成绩录入窗体，这是因为需要按照班级和课程筛选出相关记录，如果某班级指定课程的成绩已经录入，则能筛选到记录，筛选后修改即可。但是如果成绩还没有录入，则筛选不到记录，窗体视图中看不到相关记录怎么录入成绩呢？我们可能会想到，逐条追加记录，这样的话，需要录入学号和课程编号，系统将很难使用。另外，直接以"成绩"表为记录源时，录入成绩的窗体中看不到学生的姓名，很不直观，所以通过编写模块代码，将窗体的记录源指定为一个条件查询语句来实现绩录入窗体的功能。我们知道查询不仅可以查找数据，同时还可以更新源表，因此，这样设计的成绩输入窗体，能够方便地输入成绩数据。

① "成绩输入"窗体设计。"成绩输入"窗体是一个表格式窗体，在窗体页眉节放置两个组合框，分别用来选择班级和课程，两个组合框的名称分别为 Combo_className 和 Combo_courseName。代码中根据组合框的值来构造窗体记录源查询语句的查询条件，并将此 SQL 语句设置为窗体记录源。如果"成绩"表中存在相关记录，说明成绩已经录入，窗体显示成绩数据后即可进行修改。如果"成绩"表中无相关记录，说明成绩还未录入（当然可能的情况还有班级数据存在而班级学生数据尚未录入，代码应给予明确的提示），此时查找学生表中该班级的学生记录，同时在成绩表中插入相关记录用来录入成绩，插入记录后同样将窗体的记录源设置为 SQL 查询语句，运行代码后，窗体中显示相关记录，即可录入成绩。此窗体的设计视图和窗体视图如图 9-18 和图 9-19 所示。

图 9-18　"成绩输入"窗体的设计视图

图 9-19　"成绩输入"窗体的窗体视图

② "成绩输入"窗体的窗体代码。

```
Option Compare Database
Dim choosedClassName As Boolean
Dim choosedCourseName As Boolean

Dim ws As DAO.Workspace
Dim db As DAO.Database
Dim rsStudent As DAO.Recordset
Dim rsClass As DAO.Recordset
Dim rsScore As DAO.Recordset
Dim rsPlanCourse As DAO.Recordset
Dim strSql_clearRecordSource As String
Dim rsStudentCreated As Boolean

'班级名称组合框更新后事件
Private Sub Combo_className_AfterUpdate()
    If Len(Nz(Me.Combo_className)) = 0 Then
        MsgBox "必须选取班级名称和课程名称", vbOKOnly + vbExclamation, "警告"
        Me.RecordSource = strSql_clearRecordSource
        choosedClassName = False
        Me.Command_search.Enabled = False
    Else
        Set rsStudent = db.OpenRecordset("select * from 学生 where 班级编号="
& "'" & Combo_className.Column(1) & "'")
        rsStudentCreated = True
        Dim studentCount As Integer
        studentCount = 0
        Do While Not rsStudent.EOF
            studentCount = studentCount + 1
            rsStudent.MoveNext
        Loop
        If studentCount = 0 Then        '如果班级内尚无学生，则提示后退出窗体
            MsgBox "学生表中尚无此班学生的信息，请退出此窗口，选择按班级录入学生信息,
完成后再进行成绩录入!", vbOKOnly + vbInformation + vbDefaultButton1, "提示"
            DoCmd.Close
        Else
            Dim mCode As String
            Set rsClass = db.OpenRecordset("select * from 班级 where 班级编号
=" & "'" & Combo_className.Column(1) & "'")
            mCode = rsClass.Fields("专业代号")

            Dim strSqlPlanCourse As String
            strSqlPlanCourse = "select 课程名称,课程.课程编号 from 课程,授课计划
where 课程.课程编号=授课计划.课程编号 and 专业代号=" & "'" & mCode & "'"
            Set rsPlanCourse = db.OpenRecordset(strSqlPlanCourse)
            If rsPlanCourse.recordCount = 0 Then
                Dim mess As String
                mess = "此班级所属专业尚未在授课计划中设置课程! "
                mess = mess & Chr(13) & "请退出后使用授课计划管理功能完成授课计划的
设置! "
```

```
            MsgBox mess, vbOKOnly + vbExclamation, "警告"
            Me.Combo_courseName.RowSource = strSqlPlanCourse
            Me.RecordSource = strSql_clearRecordSource
            choosedCourseName = False
            Me.Combo_courseName.Value = ""
            Me.Combo_courseName.Enabled = False
            Me.Command_search.Enabled = False
        Else
            Me.Combo_courseName.Enabled = True
            '根据班级所属专业设置的课程来设置课程名称组合框的行来源, 这一点很有必
                                        要, 否则课程太多, 选择不方便
            Me.Combo_courseName.RowSource = strSqlPlanCourse
            Me.Combo_courseName.Value = ""
            Me.RecordSource = strSql_clearRecordSource
            choosedClassName = True
            choosedCourseName = False
            Me.Command_search.Enabled = False
        End If
        rsClass.Close
        Set rsClass = Nothing
        rsPlanCourse.Close
        Set rsPlanCourse = Nothing
      End If
   End If
End Sub

Private Sub Combo_courseName_AfterUpdate()
   If Len(Nz(Me.Combo_courseName)) = 0 Then
      MsgBox "必须选取班级名称和课程名称", vbOKOnly + vbExclamation, "警告"
      choosedCourseName = False
      Me.Command_search.Enabled = False
   Else
      choosedCourseName = True
      Me.Command_search.Enabled = choosedClassName And choosedCourseName
   End If
   Me.RecordSource = strSql_clearRecordSource
End Sub

Private Sub Command_quit_Click()
   DoCmd.Close
End Sub

Private Sub Command_search_Click()
   Dim strsql As String
   Dim insertStrSql As String
   Dim classCode As String
   classCode = Me.Combo_className.Column(1)
   Dim courseCode As String
   courseCode = Me.Combo_courseName.Column(1)
```

```
        strsql = "select 学生.学号,学生.姓名,课程编号,成绩 from 学生 inner join 成绩
on 学生.学号=成绩.学号 where 班级编号=" & "'" & classCode & "' and 课程编号=" &
"'" & courseCode & "'"

        Set rsScore = db.OpenRecordset(strsql)
        Dim recordCount As Integer
        recordCount = 0
        Do While Not rsScore.EOF
            recordCount = recordCount + 1
            rsScore.MoveNext
        Loop
        '如果不存在此课程的成绩记录，则插入记录后录入成绩
        If recordCount = 0 Then
            If MsgBox("此课程成绩的记录尚未录入，是否录入?", vbYesNo + vbQuestion +
vbDefaultButton1, "提示") = 6 Then
                rsStudent.MoveFirst
                MsgBox "请单击确定开始插入成绩记录", vbOKOnly + vbInformation +
vbDefaultButton1, "提示"
                DoCmd.SetWarnings False
                Do While Not rsStudent.EOF
                    insertStrSql = "insert into 成绩 (学号,课程编号) values(" & "'"
& rsStudent.Fields("学号") & "'," & "'" & courseCode & "')"
                    DoCmd.RunSQL insertStrSql
                    rsStudent.MoveNext
                Loop
                DoCmd.SetWarnings True
                MsgBox "已完成成绩记录的插入,请输入成绩！", vbOKOnly + vbInformation
+ vbDefaultButton1, "提示"
            End If
        End If

        Me.RecordSource = strsql
        rsScore.Close
        Set rsScore = Nothing
End Sub

Private Sub Form_Open(Cancel As Integer)
    'Set ws = DBEngine.Workspaces(0)
    'Set db = ws.OpenDatabase("C:\Users\Administrator\Desktop\access2010
综合实验\scoremanager.accdb")
    rsStudentCreated = False
    Set db = CurrentDb()       '操作当前数据库,用此代码代替以上两行代码
    strSql_clearRecordSource = "select 学生.学号,学生.姓名,课程编号,成绩 from
学生 inner join 成绩 on 学生.学号=成绩.学号 where false"
    Me.RecordSource = strSql_clearRecordSource
    Me.Combo_courseName.Enabled = False
    Me.Command_search.Enabled = False
    choosedClassName = False
    choosedCourseName = False
End Sub
```

```
Private Sub Form_Unload(Cancel As Integer)
    If rsStudentCreated Then
        rsStudent.Close
        Set rsStudent = Nothing
    End If
    db.Close
    Set db = Nothing
End Sub
```

（2）"成绩查询打印"子模块的设计与实现

"成绩查询打印"子模块实现了两种查询方式：一种是按班级查单科课程的成绩；另一种是按班级和开课学期查已录入成绩课程的成绩。第一种查询方式的实现通过"单科成绩查询"窗体和"单科成绩"查询来完成，第二种查询方式的实现通过"学期综合成绩查询"窗体来完成。

①"单科成绩"查询的设计。"单科成绩"查询的设计视图如图 9-20 所示。

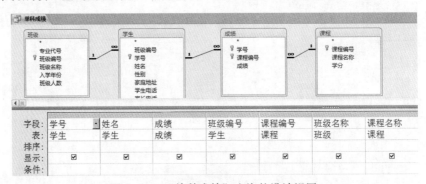

图 9-20 "单科成绩"查询的设计视图

②"单科成绩查询"窗体的设计。"单科成绩查询"窗体以"单科成绩"查询的 SQL 语句为记录源，窗体的设计视图如图 9-21 所示。该窗体的模块代码请从系统中查看。

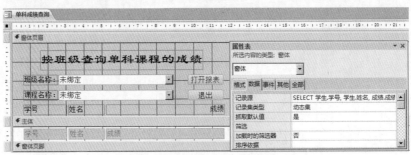

图 9-21 "单科成绩查询"窗体的设计视图

③"学期综合成绩查询"窗体的设计。"学期综合成绩查询"窗体的功能是用 VBA 代码实现的，为了提高编写效率，设计了两个起辅助作用的查询，分别为"学期综合成绩交叉表"和"学期课程门数"，并将这两个查询的 SQL 视图中的 SQL 语句复制到模块的代码中。"学期综合成绩交叉表"是交叉表查询，目的是查班级指定学期已录入成绩课程的成绩。"学期课程门数"查询是选择查询，目的是查班级指定学期已录入成绩的课程门数。需要说明的是，窗体模块代码需要根据班级名称和开课学期的选择来构造查询语句的查询条件，这也是在这两个查询的设计视图中看不到查询条件的原因。

由于同一学期各个班级开设的课程不同，开课门数不同，因此查询结果的显示方式是设计的难点。假设不是以代码方式，而是以班级名称和开课学期为条件设计交叉表查询，以学号、姓名做行标题、课程名称做列标题，在交叉格中显示成绩，设计要求可以做到。但当条件不同，即班级和学期不同时，查询结果的列数不同，之后进入窗体设计视图设计窗体时，窗体的记录源如何指定？绑定型控件又怎样选择？显然以交叉表查询为记录源无法完成查询窗体的设计。

代码思路：在窗体模块代码中，执行交叉表查询语句，条件是指定的班级和学期，交叉表的行标题是学号、姓名，列标题是课程名称，交叉格显示成绩，查询结果通过列表框控件来显示，其中，列表框的行来源类型设置为"表/查询"，行来源设置为这个交叉表查询的 SQL 语句，根据查到的班级学期已录入成绩的课程门数来动态设置列表框的列数，这样就可以通过这个列表框来显示查询结果。这是"学期综合成绩查询"窗体设计的主要特点。"学期综合成绩交叉表"查询的设计视图如图 9-22 所示。"学期课程门数"查询的设计视图如图 9-23 所示。

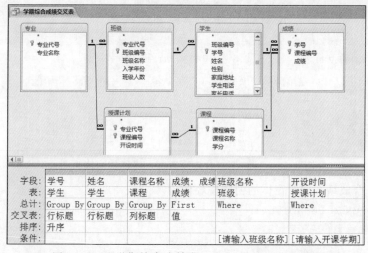

图 9-22　"学期综合成绩交叉表"查询的设计视图

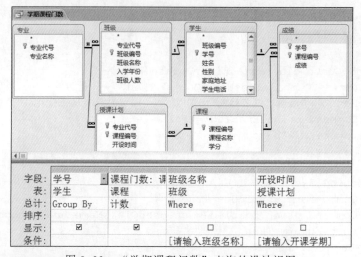

图 9-23　"学期课程门数"查询的设计视图

"学期综合成绩查询"窗体的设计视图如图 9-24 所示，窗体视图如图 9-25 所示。

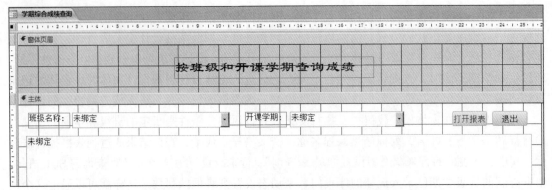

图 9-24　"学期综合成绩查询"窗体的设计视图

图 9-25　"学期综合成绩查询"窗体的窗体视图

④ "学期综合成绩查询"窗体的窗体模块代码。

```
Option Compare Database
Dim ws As DAO.Workspace
Dim db As DAO.Database
Dim rs As DAO.Recordset
Dim fd As Field
Dim choosedClassName As Boolean
Dim choosedTerm As Boolean

Private Sub Combo_className_AfterUpdate()
    If Len(Nz(Me.Combo_className)) = 0 Then
        MsgBox "必须选取班级名称", vbOKOnly + vbExclamation, "警告"
        Me.Command_print.Enabled = False
        ListScore.RowSource = ""
    Else
        Me.Combo_term.RowSource = getUserTerms(Val(Combo_className.Column(2)))
        choosedClassName = True
        Me.Combo_term.Enabled = True
        Me.Command_print.Enabled = choosedClassName And choosedTerm
        If choosedTerm Then
            Call serchScore
        End If
    End If
End Sub
```

```
Private Sub Combo_term_AfterUpdate()
    If Len(Nz(Me.Combo_term)) = 0 Then
        MsgBox "必须选取开课学期", vbOKOnly + vbExclamation, "警告"
        Me.Command_print.Enabled = False
        ListScore.RowSource = ""
    Else
        choosedTerm = True
        Me.Command_print.Enabled = choosedClassName And choosedTerm
        If choosedClassName Then
            Call serchScore
        End If
    End If
End Sub


Private Sub Command_quit_Click()
    DoCmd.Close
End Sub


Private Sub Form_Load()
    Set db = CurrentDb()
    choosedClassName = False
    choosedTerm = False
    Me.Combo_term.Enabled = False
    Me.Command_print.Enabled = False
End Sub


Private Sub Form_Unload(Cancel As Integer)
    db.Close
    Set db = Nothing
End Sub
'serchScore()实现按班级名称和开课学期条件检索成绩的功能
Private Sub serchScore()
    Dim strsql As String        '实现查询功能的交叉表查询语句
    Dim strSql1 As String       '统计班级学期开课门数的查询语句

    Dim classCode As String
    Dim term As String

    classCode = Combo_className.Column(1)
    className = Combo_className.Column(0)
    term = getSysTerm(Combo_term.Column(0), Val(Combo_className.Column(2)))

    strSql1 = "SELECT TOP 1 学生.学号, Count(课程.课程编号) AS 课程门数"
    strSql1 = strSql1 + " FROM 专业 INNER JOIN ((班级 INNER JOIN 学生 ON 班级.
班级编号 = 学生.班级编号) INNER JOIN ((课程 INNER JOIN 成绩 ON 课程.课程编号 = 成绩.
课程编号) INNER JOIN 授课计划 ON 课程.课程编号 = 授课计划.课程编号) ON 学生.学号 = 成
绩.学号) ON (专业.专业代号 = 授课计划.专业代号) AND (专业.专业代号 = 班级.专业代号)"
    strSql1 = strSql1 + " WHERE (((班级.班级编号) = " & "'" & classCode & "')
And ((授课计划.开设时间) = " & "'" & term & "'))"
```

```
    strSql1 = strSql1 + " GROUP BY 学生.学号"

    Set rs = db.OpenRecordset(strSql1)

    If rs.recordCount > 0 Then      '条件不成立说明本学期没有开设课程或本学期成绩未输入
        Set fd = rs.Fields("课程门数")
        MsgBox  fd & "门课程成绩已输入! ", vbOKOnly + vbInformation +
vbDefaultButton1, "提示"

        '构造交叉表查询语句，查询班级学期所有课程的成绩
        strsql = "TRANSFORM First(成绩.成绩) AS 成绩"
        strsql = strsql + " SELECT 学生.学号, 学生.姓名"
        strsql = strsql + " FROM 专业 INNER JOIN ((班级 INNER JOIN 学生 ON 班
级.班级编号 = 学生.班级编号) INNER JOIN ((课程 INNER JOIN"
        strsql = strsql + " 成绩 ON 课程.课程编号 = 成绩.课程编号) INNER JOIN 授
课计划 ON 课程.课程编号 = 授课计划.课程编号) ON 学生.学号"
        strsql = strsql + " = 成绩.学号) ON (专业.专业代号 = 授课计划.专业代号) AND
(专业.专业代号 = 班级.专业代号)"
        strsql = strsql + " WHERE (((班级.班级编号)=" & "'" & classCode & "')"
& " AND ((授课计划.开设时间)=" & "'" & term & "'))"
        strsql = strsql + " GROUP BY 学生.学号, 学生.姓名"
        strsql = strsql + " ORDER BY 学生.学号"
        strsql = strsql + " PIVOT 课程.课程名称;"

        ListScore.RowSourceType = "Table/Query"    '设置显示成绩的列表框的行来源类型
        ListScore.RowSource = strsql               '设置显示成绩的列表框的行来源
        ListScore.ColumnCount = Val(fd) + 2
    Else
        MsgBox "未查找到相关成绩!", vbOKOnly + vbInformation + vbDefaultButton1,
"提示"
        ListScore.RowSourceType = "Table/Query"
        ListScore.RowSource = ""
        Me.Command_print.Enabled = False
    End If
    rs.Close
    Set rs = Nothing
End Sub
```

⑤ 成绩打印功能的设计。

成绩打印实现了两个基本功能：按班级打印单科课程的成绩，此功能通过"单科成绩"查询和"单科成绩"报表来完成；按班级打印指定学期已录入成绩的课程的成绩，此功能通过"学期综合成绩"查询和"学期综合成绩"报表来完成。下面分别做简单介绍。

"单科成绩"报表的设计。"单科成绩"报表以前面讲述过的"单科成绩"查询为记录源，在运行报表时自动运行记录源的查询。在"打开报表"按钮事件宏的设计中实现按班级和课程对成绩记录的筛选功能。进入报表视图后显示筛选记录，切换至打印预览视图后即可打印查询到的成绩数据。"单科成绩"报表的设计视图和报表视图分别如图9-26和图9-27所示，"打开报表"按钮事件的嵌入宏的代码结构如图9-28所示。

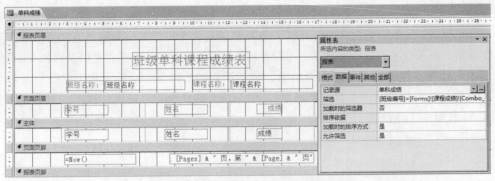

图 9-26　"单科成绩"报表的设计视图

班级单科课程成绩表

班级名称：	12计算机科学与技术1	课程名称：	操作系统
学号		姓名	成绩
2012010101		崔雪梅	85
2012010101		崔雪梅	85
2012010101		崔雪梅	65
2012010101		崔雪梅	75

图 9-27　"单科成绩"报表的报表视图

```
OpenReport
  报表名称  ="单科成绩"
    视图  报表
  筛选名称
  当条件  =[班级编号]=[Forms]![单科成绩查询]![Combo_className].[Value] And [课程编号]=[Forms]![单科成绩查询]![Combo_courseName].[Value]
  窗口模式  普通
```

图 9-28　"打开报表"按钮事件的嵌入宏的代码结构

"学期综合成绩"查询的设计。"学生综合成绩"查询的设计视图如图 9-29 所示。

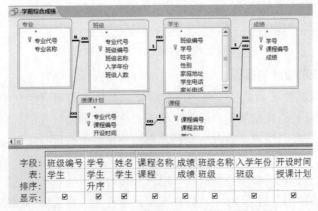

图 9-29　"学生综合成绩"查询的设计视图

"学期综合成绩"报表的设计。"学期综合成绩"报表以"学期综合成绩"查询为记录源，是一个分组报表，分组依据为"课程名称"，这样就能将一个班级某一学期所有课程的成绩在不同组中显示。在课程名称页眉节显示"课程名称"字段的值。在课程名称页脚节添加 11 个显示汇总结果的计算型控件用来输出汇总结果，包括课程的最高分、最低分和平均分以及各个分数段的人数、总人数、及格人数和及格率。"学期综合成绩"报表的设计视图和报表视图分别如图 9-30 和图 9-31 所示。

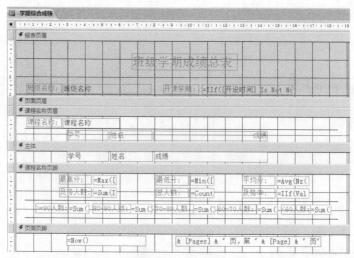

图 9-30　"学期综合成绩"报表的设计视图

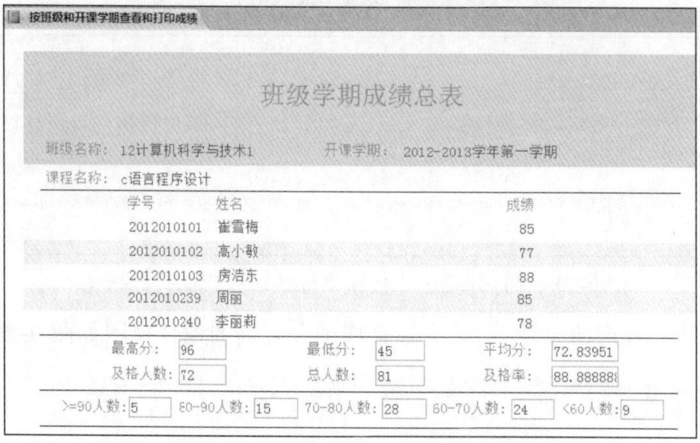

图 9-31　"学期综合成绩"报表的报表视图

7. 用户管理模块的设计与实现

"用户管理"模块的主要功能是实现用户按照管理员注册的用户信息（包括用户名、密码和用户类别）进行登录，系统按照用户的类别赋予用户一定的使用权限，以便对用户的访问范围进行合理限制。如果登录用户是管理员类别，则能使用系统的所有功能模块，如果登录用户是教师或学生类别，则只能使用系统的部分功能模块。设计一个"用户"表用来保存已注册用户的信息（包括用户名、密码和用户类别）。"用户"表与系统的其他表之间没有任何联系。

"用户管理"模块的功能通过 VBA 代码来实现。设计"用户管理"窗体用来实现管理员对用户的注册和注销，设计"登录窗体"，在数据库打开时自动运行，以实现用户的登录。

此模块的设计难点是系统怎样区分当前用户是什么类别从而对功能进行限制。初学者在思考这个问题时往往没有任何思路，觉得问题的解决有很大的难度。其实，如果读者对面向对象编程的基本思路以及其中的类、对象、方法和属性的概念有较好的理解，对 VBA 模块代码中的变量、过程和函数的特性有较好的掌握，这个问题就好解决了。

VBA 的模块分为标准模块和类模块，标准模块的结构类似于结构化编程中程序的结构，由变量、过程和函数的定义组成，标准模块中定义的全局变量、全局过程能够被所有模块调用。类模块包括两种，分别是系统对象类模块（包括窗体模块和报表模块）和用户定义类模块。类模块其实就是面向对象编程中所说的类，它是同一类软件事物（对象）的抽象表示。为了降低读者学习的难度，用户定义类模块在本书中很少讲到，而书中的 VBA 编程部分主要讲解的是标准模块、类模块中的窗体模块。

系统解决"区分当前用户是什么类别从而对功能进行限制"这个问题时用到了全局变量的特性。在标准模块 main 中定义全局变量 userType（Public user Type As String），在"登录"窗体的模块代码中进行处理，如果用户登录成功，则将当前用户的类别值赋值给 userType，由于全局变量具有全局特性，因此其他模块（包括窗体模块和报表模块）可以访问 userType，在系统的"主界面"的窗体模块代码中，根据 userType 变量的值来设置打开其他窗体的相关按钮的"可用"（Enabled）属性（True 表示可用，False 表示不可用），这样就解决了这个看起来似乎很难解决的问题。

（1）"用户"表的设计

"用户"表的设计视图如图 9-32 所示。

用户			输入掩码	密码
字段名称	数据类型		标题	
用户名	文本		默认值	
密码	文本		有效性规则	Len([密码])>=6
用户类别	文本		有效性文本	密码宽度至少为6位

用户			有效性规则	"教师" Or "学生" Or "管理员"
字段名称	数据类型		有效性文本	用户类别仅限于填写为教师、学生或管理员
用户名	文本			
密码	文本			
用户类别	文本			

图 9-32 "用户"表的设计视图

（2）"登录"窗体的设计

"登录"窗体实现的功能是，用户通过输入用户名和密码进行登录。用户有"3"次输入机会，如果登录信息在 3 次内输入正确，则关闭当前的"登录"窗体，打开"主界面"窗体，进入系统的功能界面，选择使用各种功能窗体。"登录"窗体的设计视图如图 9-33 所示。

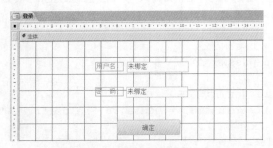

图 9-33 "登录"窗体的设计视图

"登录"窗体的模块的代码如下：

```
Option Compare Database
Public uName As String
Public pWord As String
Dim userCount As Integer
Dim ws As Workspace
Dim db As Database
Dim rs As Recordset
Dim fd As Field

Private Sub Form_Open(Cancel As Integer)
    'Set ws = DBEngine.Workspaces(0)
    'Set db = ws.OpenDatabase("C:\Users\Administrator\Desktop\access2010
综合实验\scoremanager.accdb")
    Set db = CurrentDb()
    Set rs = db.OpenRecordset("用户")
    userCount = rs.recordCount
End Sub

Private Sub Form_Unload(Cancel As Integer)
    rs.Close
    db.Close
    Set rs = Nothing
    Set db = Nothing
End Sub

Private Sub ok_Click()
    Static loginCount As Integer
    loginCount = loginCount + 1
    If userCount > 0 Then
        rs.MoveFirst
        If Len(Nz(userName)) = 0 And Len(Nz(password)) = 0 And loginCount <=
3 Then
            MsgBox "用户名和密码不能为空! 请输入", vbCritical, "提示"
            Me.userName.SetFocus
        ElseIf Len(Nz(userName)) = 0 And loginCount <= 3 Then
            MsgBox "用户名不能为空! 请输入", vbCritical, "提示"
            Me.userName.SetFocus
        ElseIf Len(Nz(password)) = 0 And loginCount <= 3 Then
            MsgBox "密码不能为空! 请输入", vbCritical, "提示"
            Me.password.SetFocus
        Else
            uName = userName
            pWord = password

            Do While Not rs.EOF
                If UCase(uName) = UCase(rs.Fields("用户名")) Then
                    Exit Do
                End If
                rs.MoveNext
```

```
        Loop

        If Not rs.EOF Then
            If UCase(pWord) = UCase(rs.Fields("密码")) Then
                MsgBox "欢迎使用系统!", vbInformation, "提示"
                loginCount = 0
                userType = rs.Fields("用户类别")
                DoCmd.Close
                DoCmd.OpenForm "主界面"
            Else
                MsgBox "密码错误! ", vbCritical, "警告"
            End If
        Else
            MsgBox "用户名错误! ", vbCritical, "警告"
        End If
    End If

    If loginCount >= 3 Then
        MsgBox "请确认用户名和密码后再登录! ", vbCritical, "警告"
        DoCmd.Close
    End If
  Else
    MsgBox "系统中没有注册用户,请使用用户管理功能注册用户后再登录! ",vbCritical,
"提示"
    loginCount = 0
    DoCmd.Close
  End If
End Sub
```

（3）"用户管理"窗体的设计

"用户管理"窗体的设计实现两个功能：用户注册和用户注销。只有以管理员身份登录系统后才能使用用户管理功能。用户注册就是把注册信息添加到"用户"表，用户注销就是从"用户"表中删除用户信息。"用户管理"窗体的设计视图如图 9-34 所示。

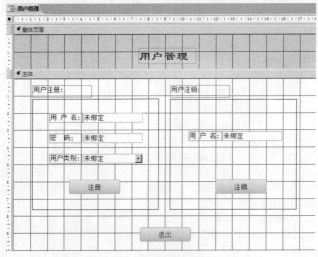

图 9-34　"用户管理"窗体的设计视图

"用户管理"窗体的窗体模块代码如下:

```
Dim userName_Login As String
Dim password_Login As String
Dim userType_Login As String

Dim ws As Workspace
Dim db As Database
Dim rs As Recordset

Private Sub Command_login_Click()
    If rs.recordCount > 0 Then
        rs.MoveFirst
    End If

    If  Len(Nz(Me.userLogin))  =  0  Or  Len(Nz(Me.password))  =  0  Or
Len(Nz(Me.userType)) = 0 Then
        MsgBox "用户名、密码和用户类型都不能为空", vbOKOnly + vbInformation, "提示"
    Else
        If Len(Nz(Me.password)) < 6 Or Len(Nz(Me.password)) > 10 Then
            MsgBox "密码应在6到10位之间", vbOKOnly + vbInformation, "提示"
        Else
        Do While Not rs.EOF
            If Me.userLogin = rs.Fields("用户名") Then
                Exit Do
            End If
            rs.MoveNext
        Loop
        If Not rs.EOF Then
            MsgBox "此用户已经注册", vbOKOnly + vbInformation, "提示"
        Else
            userName_Login = Me.userLogin
            password_Login = Me.password
            userType_Login = Me.userType
            Dim strsql As String

            strsql = "insert into 用户 values("
            strsql = strsql & "'" & userName_Login & "',"
            strsql = strsql & "'" & password_Login & "',"
            strsql = strsql & "'" & userType_Login & "')"

            DoCmd.SetWarnings False
            DoCmd.RunSQL strsql
            DoCmd.SetWarnings True

            MsgBox "用户注册成功", vbOKOnly + vbInformation, "提示"
            Me.userLogin = ""
            Me.password = ""
            Me.userType = ""
        End If
    End If
```

```
      End If
End Sub

Private Sub Command_logout_Click()
    If rs.recordCount > 0 Then
        rs.MoveFirst
    End If

    If Len(Nz(Me.userLogout)) = 0 Then
        MsgBox "用户名不能为空", vbOKOnly + vbInformation, "提示"
    Else
        Do While Not rs.EOF
            If Me.userLogout = rs.Fields("用户名") Then
                Exit Do
            End If
            rs.MoveNext
        Loop
        If rs.EOF Then
            MsgBox "不存在此用户", vbOKOnly + vbInformation, "提示"
        Else
            userName_Logout = Me.userLogout
            Dim strsql As String

            strsql = "delete from 用户 where 用户名="
            strsql = strsql & "'" & userName_Logout & "'"

            DoCmd.SetWarnings False
            DoCmd.RunSQL strsql
            DoCmd.SetWarnings True

            MsgBox "用户注销成功", vbOKOnly + vbInformation, "提示"
            Me.userLogout = ""
        End If
    End If
End Sub

Private Sub Command21_Click()
    DoCmd.Close
End Sub

Private Sub Form_Load()
    Set db = CurrentDb()
    Set rs = db.OpenRecordset("用户")
End Sub

Private Sub Form_Unload(Cancel As Integer)
    rs.Close
    db.Close
    Set rs = Nothing
    Set db = Nothing
```

```
End Sub
```

8. "主界面"窗体的设计

"主界面"窗体的窗体视图如图 9-35 所示。

图 9-35 "主界面"窗体的窗体视图

"主界面"窗体是成绩管理系统的接口界面，用户登录后，通过该窗体使用系统的各项功能。设计中使用命令按钮向导在窗体上分别放置了用来打开其他功能窗体的命令按钮。各个按钮的标签提示表明单击该按钮会打开相应的功能窗体。在该窗体的模块代码中根据登录用户的类别（类别值保存在全局变量 userType 中）来设置哪些功能按钮可用或不可用，从而限制当前用户对系统功能的使用范围，这样就相当于设置了用户的权限。另外，"学生管理"窗体、"成绩管理"窗体的设计和"主界面"窗体的设计类似，也作为打开系统功能窗体的界面。在用向导设计各个功能按钮时，系统自动为按钮的事件生成相应的宏，这些宏是窗体模块的嵌入宏，不在数据库导航窗格中显示。

"主界面"窗体的窗体模块代码如下：

```
Option Compare Database

Private Sub Form_Load()
    If userType = "教师" Or userType = "学生" Then
        Dim message As String
        message = "你是" & userType & "用户，只能使用学生管理和成绩管理的部分功能！"
        MsgBox message, vbOKOnly + vbInformation, "提示"

        Me.Command_Classm.Enabled = False
        Me.Command_Mm.Enabled = False
        Me.Command_Coursem.Enabled = False
        Me.Command_Pm.Enabled = False
        Me.Command_Studentm.Enabled = True
        Me.Command_Userm.Enabled = False
        Me.Command_Scorem.Enabled = True
```

```
        Me.Label1.Caption = Me.Label1.Caption & "(禁止)"
        Me.Label2.Caption = Me.Label2.Caption & "(禁止)"
        Me.Label4.Caption = Me.Label4.Caption & "(禁止)"
        Me.Label5.Caption = Me.Label5.Caption & "(禁止)"
        Me.Label7.Caption = Me.Label7.Caption & "(禁止)"


    End If
End Sub
```

9. 标准模块 main 的设计

标准模块 main 中定义了全局变量 userType，当用户登录成功后，系统查找"用户"表将当前用户的用户类别信息保存到 userType 中，在"主界面"窗体的模块代码中根据 userType 的值，将打开其他功能窗体的部分按钮禁用，即将按钮的 Enabled 属性设置为 False，这样就实现了设置用户权限的功能。

标准模块 main 中定义了 3 个全局函数，分别是 getUserTerms()、getSysTerm()和 getUserTerm()，作用是实现开课学期信息格式的转换。需要进行这种转换的原因是：授课计划是按照专业设置的，授课计划表中开设时间字段值的格式为"第 x 学年第 x 学期"，而在查询成绩时应该按照"xxxx–xxxx 学年第 x 学期"的格式来选择开课学期，这样更加符合用户的使用习惯。

getSysTerm(ByVal userTerm As String，By Val beginyear As Integer)函数实现"xxxx–xxxx 学年第 x 学期"格式到"第 x 学年第 x 学期"格式的转换。

getUserTerm(ByVal userTerm As String，By Val beginyear As Integer)函数实现"第 x 学年第 x 学期"格式到"xxxx–xxxx 学年第 x 学期"格式的转换。

getUserTerms(By Val beginyear As Integer)函数根据班级的入学年份返回一个长字符串，用来表示选择开课学期组合框的行来源字符串。如入学年份为 2010 年，则开课学期组合框的行来源字符串为："2010–2011 学年第一学期；2010–2011 学年第二学期；2011–2012 学年第一学期；2011–2012 学年第二学期；2012–2013 学年第一学期；2012–2013 学年第二学期；2013–2014 学年第一学期；2013–2014 学年第二学期"。

标准模块 main 的代码如下：

```
Option Compare Database
Public userType As String

Public Function getUserTerms(ByVal beginyear As Integer) As String
    Dim term As String
    term = ""
    For i = 1 To 4
        term = term & Trim(str(beginyear)) & "-" & Trim(str(beginyear + 1))
& "学年第一学期" & ";"
        If i = 4 Then
            term = term & Trim(str(beginyear)) & "-" & Trim(str(beginyear +
1)) & "学年第二学期"
        Else
            term = term & Trim(str(beginyear)) & "-" & Trim(str(beginyear +
1)) & "学年第二学期" & ";"
        End If
```

```
      beginyear = beginyear + 1
   Next
   getUserTerms = term
End Function

Public Function getSysTerm(ByVal userTerm As String, ByVal beginyear As
Integer) As String
   Dim currentyear As Integer
   Dim sysTerm As String
   currentyear = Val(Left(userTerm, 4))
   Select Case currentyear - beginyear
      Case Is = 0
         sysTerm = "第一"
      Case Is = 1
         sysTerm = "第二"
      Case Is = 2
         sysTerm = "第三"
      Case Is = 3
         sysTerm = "第四"
   End Select
   sysTerm = sysTerm & Right(userTerm, 6)
   getSysTerm = sysTerm
End Function

Public Function getUserTerm(ByVal sysTerm As String, ByVal beginyear As
Integer) As String
   Dim userTerm As String
   Dim i As Integer

   Select Case Left(sysTerm, 2)
      Case Is = "第一"
         i = 0
      Case Is = "第二"
         i = 1
      Case Is = "第三"
         i = 2
      Case Is = "第四"
         i = 3
   End Select
   userTerm = Trim(str(beginyear + i)) & "-" & Trim(str(beginyear + i + 1))
& Right(sysTerm, 6)
   getUserTerm = userTerm
End Function
```

10. 关于系统的几点说明

① 系统设计中较多地使用到了 VBA 的 DAO 数据库编程接口，如果对 DAO 对象的属性和方法不是很熟悉，就很难使用编程的方式来实现模块的功能。建议读者最好多使用 Access 的向导功能来完成一些常规功能的设计，在向导无法实现时，再采用编程方式来实现。

② 要增强设计的规范性意识，尤其是数据库表的设计，不能过于随意，否则会给系统的

设计和维护带来较大的困难。

③　本章给出了系统的绝大部分模块代码和窗体界面的设计说明，其余部分请大家通过系统来查阅。

④　示例系统只是一个简单的成绩管理系统，目的是为了展示设计并实现一个简单的数据库应用系统的方法、步骤和过程，让读者体会怎样将各个单独的数据库对象合理地组织起来，形成一个有用的应用系统。当然，要实现整个教学环节的业务管理，它的功能还不够，还需要对系统进行扩充。有兴趣的读者可以对系统进行扩展，在"成绩管理系统"的基础上，增加教学任务的编排、排课、课表查询等功能，实现一个简单的"教学管理系统"。另外，也希望读者通过学习，能够设计实现诸如"学籍管理系统"、"工资管理系统"、"通讯录管理系统"和"图书管理系统"等类似的数据库应用系统。

⑤　初始状态下，使用系统的步骤是，首先由管理员用户登录系统，然后通过"专业管理"模块输入专业数据，通过"班级管理"模块输入班级数据，通过"学生管理"模块的"学生数据录入修改"子模块输入学生数据，通过"课程管理"模块输入课程数据，通过"授课计划管理"模块设置授课计划，这时就可以使用"成绩管理"模块了。

⑥　系统中注册了 3 个用户，用户信息分别是：管理员用户名为 admin，密码为 111111；教师用户名为 teacher，密码为 222222；学生用户名为 studentI，密码为 333333。

附录 A

全国计算机等级考试二级 Access 数据库程序设计考试大纲

基本要求

1. 掌握数据库系统的基础知识。

2. 掌握关系数据库的基本原理。

3. 掌握数据库程序设计方法。

4. 能够使用 Access 建立一个小型数据库应用系统。

考 试 内 容

一、数据库基础知识

1. 基本概念：数据库，数据模型，数据库管理系统等。

2. 关系数据库基本概念：关系模型，关系，元组，属性，字段，域，值，关键字等。

3. 关系运算基本概念：选择运算，投影运算，连接运算。

4. SQL 命令：查询命令，操作命令。

5. Access 系统基本概念。

二、数据库和表的基本操作

1. 创建数据库。

2. 建立表。

（1）建立表结构。

（2）字段设置，数据类型及相关属性。

（3）建立表间关系。

（4）表的基本操作。

（5）向表中输入数据。

（6）修改表结构，调整表外观。

（7）编辑表中数据。

（8）表中记录排序。

（9）筛选记录。

（10）汇总数据。

三、查询

1. 查询基本概念。

（1）查询分类。

（2）查询条件。

2. 选择查询。

3. 交叉表查询。

4. 生成表查询。

5. 删除查询。

6. 更新查询。

7. 追加查询。

8. 结构化查询语言 SQL。

四、窗体

1. 窗体基本概念，窗体的类型与视图。

2. 创建窗体，窗体中常见控件，窗体和控件的常见属性。

五、报表

1. 报表基本概念。

2. 创建报表，报表中常见控件，报表和控件的常见属性。

六、宏

1. 宏基本概念。

2. 事件的基本概念。

3. 常见宏操作命令。

七、VBA 编程基础

1. 模块基本概念。

2. 创建模块。

（1）创建 VBA 模块：在模块中加入过程，在模块中执行宏。

（2）编写事件过程：键盘事件，鼠标事件，窗口事件，操作事件和其他事件。

3. VBA 编程基础。

（1）VBA 编程基本概念。

（2）VBA 流程控制：顺序结构，选择结构，循环结构。

（3）VBA 函数/过程调用。

（4）VBA 数据文件读写。

（5）VBA 错误处理和程序调试（设置断点，单步跟踪，设置监视窗口）。

八、VBA 数据库编程

1. VBA 数据库编程基本概念：ACE 引擎和数据库编程接口技术，数据访问对象（DAO），ActiveX 数据对象（ADO）。

2. VBA 数据库编程技术。

考 试 方 式

上机考试，考试时长 120 分钟，满分 100 分。

1. 题型及分值。单项选择题 40 分（含公共基础知识部分 10 分）。

操作题 60 分（包括基本操作题、简单应用题及综合应用题）。

2. 考试环境。操作系统：中文版 Windows 7；开发环境：Microsoft Office Access 2010。

附录 **B**

全国计算机等级考试模拟试题及参考答案

一、选择题

1. 程序流程图中带有箭头的线段表示的是（　　）。

   A. 图元关系　　　　B. 数据流　　　　　C. 控制流　　　　　　D. 调用关系

2. 结构化程序设计的基本原则不包括（　　）。

   A. 多态性　　　　　B. 自顶向下　　　　C. 模块化　　　　　　D. 逐步求精

3. 软件设计中模块划分应遵循的准则是（　　）。

   A. 低内聚低耦合　　B. 高内聚低耦合　　C. 低内聚高耦合　　　D. 高内聚高耦合

4. 在软件开发中，需求分析阶段产生的主要文档是（　　）。

   A. 可行性分析报告　　　　　　　　　　B. 软件需求规格说明书

   C. 概要设计说明书　　　　　　　　　　D. 集成测试计划

5. 算法的有穷性是指（　　）。

   A. 算法程序的运行时间是有限的　　　　B. 算法程序所处理的数据量是有限的

   C. 算法程序的长度是有限的　　　　　　D. 算法只能被有限的用户使用

6. 对长度为 n 的线性表排序，在最坏情况下，比较次数不是 n(n−1)/2 的排序方法是（　　）。

   A. 快速排序　　　　B. 冒泡排序　　　　C. 直接插入排序　　　D. 堆排序

7. 下列关于栈的叙述正确的是（　　）。

   A. 栈按"先进先出"组织数据　　　　　　B. 栈按"先进后出"组织数据

   C. 只能在栈底插入数据　　　　　　　　D. 不能删除数据

8. 在数据库设计中，将 E-R 图转换成关系数据模型的过程属于（　　）。

   A. 需求分析阶段　　　　　　　　　　　B. 概念设计阶段

   C. 逻辑设计阶段　　　　　　　　　　　D. 物理设计阶段

9. 有 3 个关系 R、S 和 T 如下：由关系 R 和 S 通过运算得到关系 T，则所使用的运算为（　　）。

R		
B	C	D
a	0	kl
b	l	nl

S		
B	C	D
f	3	h2
a	0	k1
n	2	x1

T		
B	C	D
a	0	kl

   A. 并　　　　　　　B. 自然连接　　　　C. 笛卡儿积　　　　　D. 交

10. 设有表示学生选课的 3 张表：学生 S（学号，姓名，性别，年龄，身份证号），课程 C（课号，课名），选课 SC（学号，课号，成绩），则表 SC 的关键字（键或码）为（　　　）。

    A. 课号，成绩　　　　　　　　　　　　B. 学号，成绩

    C. 学号，课号　　　　　　　　　　　　D. 学号，姓名，成绩

11. 按数据的组织形式，数据库的数据模型可分为 3 种模型，它们是（　　　）。

    A. 小型、中型和大型　　　　　　　　　B. 网状、环状和链状

    C. 层次、网状和关系　　　　　　　　　D. 独享、共享和实时

12. 在书写查询准则时，日期型数据应该使用适当的分隔符括起来，正确的分隔符是（　　　）。

    A. *　　　　　　　　B. %　　　　　　　　C. &　　　　　　　　D. #

13. 如果在创建表中建立字段"性别"，并要求用汉字表示，其数据类型应当是（　　　）。

    A. 是/否　　　　　B. 数字　　　　　　C. 文本　　　　　　D. 备注

14. 下列关于字段属性的叙述中，正确的是（　　　）。

    A. 可对任意类型的字段设置默认值属性

    B. 设置字段默认值就是规定该字段值不允许为空

    C. 只有文本型数据能够使用输入掩码向导

    D. "有效性规则"属性只允许定义一个条件表达式

15. 在 Access 中，如果不想显示数据表中的某些字段，可以使用的命令是（　　　）。

    A. 隐藏　　　　　B. 删除　　　　　　C. 冻结　　　　　　D. 筛选

16. 如果在数据库中已有同名的表，要通过查询覆盖原来的表，应该使用的查询类型是（　　　）。

    A. 删除　　　　　B. 追加　　　　　　C. 生成表　　　　　D. 更新

17. 在 SQL 查询中 GROUP BY 的含义是（　　　）。

    A. 选择行条件　　　　　　　　　　　　B. 对查询进行排序

    C. 选择列字段　　　　　　　　　　　　D. 对查询进行分组

18. 下列关于 SQL 语句的说法中，错误的是（　　　）。

A. INSERT 语句可以向数据表中追加新的数据记录

B. UPDATE 语句用来修改数据表中已经存在的数据记录

C. DELETE 语句用来删除数据表中的记录

D. CREATE 语句用来建立表结构并追加新的记录

19. 若查询的设计如下，则查询的功能是（　　　）。

A. 设计尚未完成，无法进行统计

B. 统计班级信息仅含 Null（空）值的记录个数

C. 统计班级信息不包括 Null（空）值的记录个数

D. 统计班级信息包括 Null（空）值全部记录个数

20. 查询"书名"字段中包含"等级考试"字样的记录，应该使用的条件是（　　　）。

  A. Like "等级考试"   B. Like "*等级考试"

  C. Like "等级考试*"   D. Like "*等级考试*"

21. 教师信息输入窗体中，为职称字段提供"教授"、"副教授"和"讲师"等选项供用户直接选择，最合适的控件是（　　　）。

  A. 标签   B. 复选框   C. 文本框   D. 组合框

22. 体设计过程中，命令按钮 Command0 的事件属性设置如下图所示，则含义是（　　　）。

A. 只能为进入事件和单击事件编写事件过程

B. 不能为进入事件和单击事件编写事件过程

C. 进入事件和单击事件执行的是同一事件过程

D. 已经为进入事件和单击事件编写了事件过程

23. 发生在控件接收焦点之前的事件是（　　　）。

  A. Enter   B. Exit   C. GotFocus   D. LostFocus

24. 下列关于报表的叙述中，正确的是（　　　）。

  A. 报表只能输入数据   B. 报表只能输出数据

  C. 报表可以输入和输出数据   D. 报表不能输入和输出数据

25. 在报表设计过程中，不适合添加的控件是（　　　）。

  A. 标签控件   B. 图形控件   C. 文本框控件   D. 选项组控件

26. 在宏的参数中，要引用窗体 F1 上的 Text1 文本框的值，应该使用的表达式是（　　　）。

  A. [Forms]![F1]![Text1]   B. Text1

  C. [F1].[Text1]   D. [Forms]_[F1]_[Text1]

27. 宏的过程中，宏不能修改的是（　　　）。

  A. 窗体   B. 宏本身   C. 表   D. 数据库

28. 下列给出的选项中，非法的变量名是（　　　）。

A. Sum　　　　　B. Integer_2　　　　C. Rem　　　　　D. Form1

29. 在模块的声明部分使用"Option Base 1"语句，然后定义二维数组 A(2 to 5,5)，则该数组的元素个数为（　　）。

　　A. 20　　　　　B. 24　　　　　C. 25　　　　　D. 36

30. 在 VBA 中，能自动检查出来的错误是（　　）。

　　A. 语法错误　　　B. 逻辑错误　　　C. 运行错误　　　D. 注释错误

31. 如果在被调用的过程中改变了形参变量的值，但又不影响实参变量本身，这种参数传递方式称为（　　）。

　　A. 按值传递　　　B. 按地址传递　　　C. ByRef 传递　　　D. 按形参传递

32. 表达式"B = INT(A+0.5)"的功能是（　　）。

　　A. 将变量 A 保留小数点后 1 位　　　B. 将变量 A 四舍五入取整

　　C. 将变量 A 保留小数点后 5 位　　　D. 舍去变量 A 的小数部分

33. 运行下列程序段，结果是（　　）。

```
For m=10 to 1 step 0    k=k+3  Next m
```

　　A. 形成死循环　　　　　　　　　　B. 循环体不执行即结束循环

　　C. 出现语法错误　　　　　　　　　D. 循环体执行一次后结束循环

34. 下列四个选项中，不是 VBA 的条件函数的是（　　）。

　　A. Choose　　　　B. If　　　　　C. IIf　　　　　D. Switch

35. 运行下列程序，结果是（　　）。

```
Private Sub Command32_Click()
f0=1: f1=1: k=1
Do While k<=5
f=f0+f1
f0=f1
f1=f
k=k+1
Loop
MsgBox "f=" &amp; f
End Sub
```

　　A. f=5　　　　B. f=7　　　　C. f=8　　　　D. f=13

36. 在窗体中添加一个名称为 Command1 的命令按钮，然后编写如下事件代码：

```
Private Sub Command1_Click()
MsgBox f(24, 18)
End Sub
Public Function f(m As Integer, n As Integer)As Integer
Do While m<>n
Do While m>n
m=m-n
Loop
Do While m<n
n=n-m
Loop
Loop
f=m
```

```
End Function
```

窗体打开运行后，单击命令按钮，则消息框的输出结果是（　　）。

    A. 2　　　　　　　　B. 4　　　　　　　　C. 6　　　　　　　　D. 8

37. 在窗体上有一个命令按钮 Command1，编写事件代码如下：

```
Private Sub Command1_Click()
Dim d1 As Date
Dim d2 As Date
d1=#12/25/2009#
d2=#1/5/2010#
MsgBox DateDiff("ww", d1, d2)
End Sub
```

打开窗体运行后，单击命令按钮，消息框中输出的结果是（　　）。

    A. 1　　　　　　　　B. 2　　　　　　　　C. 10　　　　　　　　D. 11

38. 能够实现从指定记录集里检索特定字段值的函数是（　　）。

    A. Nz　　　　　　　　B. Find　　　　　　　　C. Lookup　　　　　　　　D. Dlookup

39. 下列程序的功能是返回当前窗体的记录集：

```
Sub GetRecNum()
Dim rs As Object
Set rs =
MsgBox  rs.RecordCount
End Sub
```

为保证程序输出记录集(窗体记录源)的记录数，括号内应填入的语句是（　　）。

    A. Me.Recordset　　　　　　　　　　　　　B. Me.RecordLocks

    C. Me.RecordSource　　　　　　　　　　　D. Me.RecordSelectors

二、基本操作题

40. 在考生文件夹下的"Acc1.mdb"数据库中已建立表对象"职工"。试按以下操作要求，完成对表"职工"的编辑修改和操作：

（1）将"职工号"字段改名为"编号"，并设置为主键。

（2）设置"年龄"字段的有效性规则为"年龄>20"。

（3）设置"上岗时间"字段的默认值为"1998-8-14"。

（4）删除表结构中的"简历"字段。

（5）将考生文件夹下"Acc0.mdb"数据库中的表对象"ttemp"导入"Acc1.mdb"数据库中。

（6）完成上述操作后，在"Ace1.mdb"数据库中备份表对象"职工"，并命名为"tempbak"。

三、简单应用题

41. 在"Acc2.mdb"中有"产品"、"存货表"和"销售情况表"3张表。

（1）以"产品"表和"存货表"为数据源，创建"应得利润"查询，查询每种商品的应得利润。结果显示"产品名称"和"应得利润"字段，应得利润=Sum([存货表]![数量]x[产品]![价格])×0.15。

（2）以"产品"表和"存货表"为数据源，创建生成表查询"进货表"，生成"进货表"。将商场存货为0的产品添加到"进货表"中。该表中包含"产品"表的全部字段。

四、综合应用题

42. 在考生文件夹下有"Acc3.mdb"数据库。

（1）以"课程信息"表为数据源，自动创建"课程"窗体。

（2）在"课程"窗体中添加"课程信息"页眉标签，标签文本字体为"宋体"、"12 号"、"加粗"和"居中显示"。在页脚添加"下一记录"、"前一记录"、"添加记录"、"保存记录"和"关闭窗口"按钮，分别实现转到下一记录、转到前一记录、添加记录、保存记录和关闭窗口等操作。设置窗体为"弹出格式"。

参 考 答 案

一、选择题

1. 正确答案：C。

解析：在数据流图中，用标有名字的箭头表示数据流，在程序流程图中，用标有名字的箭头表示控制流，所以选择 C。

2. 正确答案：A。

解析：结构化程序设计的思想包括：自顶向下、逐步求精、模块化、限制使用 goto 语句，所以选择 A。

3. 正确答案：B。

解析：软件设计中模块划分应遵循的准则是高内聚低偶合、模块大小规模适当、模块的依赖关系适当等。模块的划分应遵循一定的要求，以保证模块划分合理，并进一步保证以此为依据开发出的软件系统可靠性强，易于理解和维护。模块之间的耦合应尽可能得低，模块的内聚度应尽可能得高。

4. 正确答案：B。

解析：A 错误，可行性分析阶段产生可行性分析报告。C 错误，概要设计说明书是总体设计阶段产生的文档。D 错误，集成测试计划是在概要设计阶段编写的文档。B 正确，需求规格说明书是后续工作如设计、编码等需要的重要参考文档。

5. 正确答案：A。

解析：算法原则上能够精确地运行，而且人们用笔和纸做有限次运算后即可完成，有穷性是指算法程序的运行时间是有限的。

6. 正确答案：D。

解析：除了堆排序算法的比较次数是 n*log2，其他的都是 n(n−1)/2。

7. 正确答案：B。

解析：栈是按"先进后出"的原则组织数据的，数据的插入和删除都在栈顶进行操作。

8. 正确答案：C。

解析：E−R 图转换成关系模型数据是把图形分析出来的联系反映到数据库中，即设计出表，所以属于逻辑设计阶段。

9. 正确答案：D。

解析：自然连接是一种特殊的等值连接，它要求两个关系中进行比较的分量必须是相同的属性组，并且在结果中把重复的属性列去掉，所以 B 错误。笛卡儿积是用 R 集合中元素为第一元素，S 集合中元素为第二元素构成的有序对，所以 C 错误。根据关系 T 可以很明显地看出是从关系 R 与关系 S 中取得相同的关系组，所以取得是交运算，选择 D。

10. 正确答案：C。

解析：学号是学生表 S 的主键，课号是课程表 C 的主键，所以选课表 SC 的关键字就应该是与前两个表能够直接联系且能唯一定义的学号和课号，所以选择 C。

11. 正确答案：C。

解析：数据库管理系统所支持的传统数据模型分为 3 种：层次数据模型、网状数据模型、关系数据模型，故选项 C 正确。

12. 正确答案：D。

解析：使用日期作为条件可以方便地限定查询的时间范围，书写这类条件时应注意，日期常量要用英文的 # 号括起来。

13. 正确答案：C。

解析：根据关系数据库理论，一个表中的同一列数据应具有相同的数据特征，称为字段的数据类型。文本型字段可以保存文本或文本与数字的组合，文本型字段的字段大小最多可达到 255 个字符，如果取值的字符个数超过了 255，可使用备注型。本题要求将"性别"字段用汉字表示，"性别"字段的内容为"男"或"女"，小于 255 个字符，所以其数据类型应当是文本型。

14. 正确答案：D。

解析："默认值"是指添加新记录时自动向此字段分配指定值。"有效性规则"是提供一个表达式，该表达式必须为 True 才能在此字段中添加或更改值，该表达式和"有效性文本"属性一起使用输入掩码显示编辑字符以引导数据输入，故答案为 D。

15. 正确答案：A。

解析：Access 在数据表中默认显示所有的列，但有时可能不想查看所有的字段，这时可以把其中一部分隐藏起来，故选项 A 正确。

16. 确答案：C。

解析：如果在数据库中已有同名的表，要通过查询覆盖原来的表，应该使用的查询类型是生成表查询。答案为 C 选项。

17. 正确答案：D。

解析：在 SQL 查询中 GROUP BY 的含义是将查询的结果按列进行分组，可以使用合计函数，故选项 D 为正确答案。

18. 正确答案：D。

解析：Access 支持的数据定义语句有创建表（CREATE TABLE）、修改数据（UPDATE TABLE）、删除数据（DELETE TABLE）、插入数据（INSERT TABLE），CREATE TABLE 只有创建表的功能，不能追加新数据，故选项 D 为正确答案。

19. 正确答案：C。

解析：从图中可以看出要统计的字段是"学生表"中的"班级"字段，采用的统计函数是计数函数，目的是对班级（不为空）进行计数统计，所以选项 C 正确。

20. 正确答案：D。

解析：在查询时，可以通过在"条件"单元格中输入 Like 运算符来限制结果中的记录，与 like 运算符搭配使用的通配符有很多，其中 * 的含义是表示由 0 个或任意多个字符组成的字符串，在字符串中可以用作第一个字符或最后一个字符，在本题中查询"书名"字段中包含等级考试字样的记录，应该使用的条件是"Like "*等级考试*""，所以选项 D 正确。

21. 正确答案：D。

解析：组合框或列表框可以从一个表或查询中取得数据，或从一个值列表中取得数据，在输入时，从列出的选项值中选择需要的项，从而保证同一个数据信息在数据库中存储的是同一个值，所以选项 D 是正确的。

22. 正确答案：D。

解析：在控件属性对话框的"事件"选项卡中列出的事件表示已经添加成功的事件，所以选项 D 为正确答案。

23. 正确答案：A。

解析：控件的焦点事件发生顺序为：Enter GotFocus、操作事件、Exit LostFocus，其中 GotFocus 表示控件接收焦点事件，LostFocus 表示控件失去焦点事件，所以选项 A 为正确答案。

24. 正确答案：B。

解析：报表是 Access 的一个对象，它根据指定规则打印格式化和组织化的信息，其数据源可以是表、查询和 SQL 语句，报表和窗体的区别是报表只能显示数据，不能输入和编辑数据，故答案为 B 选项。

25. 正确答案：D。

解析：Access 为报表提供的控件和窗体控件的功能与使用方法相同，不过报表是静态的，在报表上使用的主要控件是标签、图像和文本框控件，分别对应选项 A、B、C，所以选项 D 为正确答案。

26. 正确答案：A。

解析：宏在输入条件表达式时可能会引用窗体或报表上的控件值，使用语法为"Forms![窗体名]![控件名]"或"[Forms]![窗体名]![控件名]"和"Reports![报表名]![控件名]"或"[Reports]![报表名]![控件名]"，所以选项 A 正确。

27. 正确答案：B。

解析：宏是一个或多个操作组成的集合，在宏运行过程中，可以打开关闭数据库，可以修改窗体属性设置，可以执行查询，操作数据表对象，但不能修改宏本身。

28. 正确答案：C。

解析：VBA 中变量命名不能包含有空格或除了下画线字符(_)外的其他的标点符号，长度不能超过 255 个字符，不能使用 VBA 的关键字。Rem 是用来标识注释的语句，不能作为变量名，用它做变量名是非法的。

29. 正确答案：A。

解析：VBA 中"Option Base 1"语句的作用是设置数组下标从 1 开始，展开二维数组 A(2 to 5，5)，为 A(2，1) A(2，5)，A(3，1) A(3，5)，A(4，1) A(4，5)，A(5，1) A(5，5)共 4 组，每组 5 个元素，共 20 个元素。

30. 答案：A。

解析：语法错误在编译时就能自动检测出来；逻辑错误和运行错误是程序在运行时才能显示出来的，不能自动检测；注释错误是检测不出来的。

31. 答案：A。

解析：参数传递有两种方式：按值传递 ByVal 和按址传递 ByRef。按值传递是单向传递，改变了形参变量的值而不会影响实参本身；而按址传递是双向传递，任何引起形参的变化都会影响实参的值。

32. 正确答案：B。

解析：INT()函数是返回表达式的整数部分，表达式 A+0.5 中当 A 的小数部分大于等于 0.5 时，整数部分加 1，当 A 的小数部分小于 0.5 时，整数部分不变，INT(A+0.5)的结果便是实现将 A 四舍五入取整。

33. 正确答案：B。

解析：本题考查 for 循环语句，step 表示循环变量增加步长，循环初始值大于终值时步长应为负数，步长为 0 时则循环不成立，循环体不执行即结束循环。

34. 正确答案：B。

解析：VBA 提供了 3 个条件函数：IIf 函数、Switch 函数和 Choose 函数，这 3 个函数由于具有选择特性而被广泛用于查询、宏及计算控件的设计中，而 If 是程序流程控制的条件语句，不是函数。

35. 正确答案：D。

解析：本题考查 Do 循环语句：k=1 时，f=1+1=2，f0=1，f1=2，k=1+1=2；k=2 时，f=3，f0=2，f1=3，k=2+1=3；k=3 时，f=5，f0=3，f1=5，k=3+1=4；k=4 时，f=8，f0=5，f1=8，k=4+1=5；k=5 时，f=13，f0=8，f1=13，k=6，不再满足循环条件跳出循环，此时 f=13。

36. 正确答案：C。

解析：题目中命令按钮的单击事件是使用 MsgBox 显示过程 f 的值在过程 f 中有两层 Do 循环，传入参数 m=24，n=18，由于 m>n 所以执行 m=m-n=24-18=6，内层第 1 个 Do 循环结束后 m=6，n=18；此时 m 小于 n，所以再执行 n=n-m=18-6=12，此时 m=6，n=12；再执行 n=n-m 后 m=n=6；m<>n 条件满足，退出循环，然后执行 f=m 的赋值语句，即为 f=m=6。

37. 正确答案：B。

解析：函数 DateDiff 按照指定类型返回指定的时间间隔数目，语法为 DateDiff(<间隔类型>，<日期 1>，<日期 2>，[，W1][，W2])，间隔类型为"ww"，表示返回两个日期间隔的周数。

38. 正确答案：D。

解析：Dlookup 函数是从指定记录集里检索特定字段的值，它可以直接在 VBA、宏、查询表达式或计算控件使用，而且主要用于检索来自外部表字段中的数据。

39. 正确答案：A。

解析：程序中 rs 是对象变量，指代窗体对象，set 语句是将当前窗体中的记录集对象赋给 rs 对象，Me 表示当前窗体，用 Me 指明记录集来自于窗体，Recordset 属性设置窗体、报表、列表框控件或组合框控件的记录源，用 Me.Recordset 代表指定窗体的记录源，即记录源来自于窗体，而 RecordSourse 属性用来设置数据源，格式为 RecordSourse=数据源。因此题目空缺处应填 Me.RecordSet。

二、基本操作题

40.

（1）在"Acc1.mdb"数据库中单击"职工"表，单击"设计"按钮，打开"职工"设计视图，单击"字段名称"是"职工号"的地方，将其修改为"编号"，并在其上右击，在弹出的快捷菜单中选择"主键"命令。单击"保存"按钮进行保存。

（2）选中"年龄"字段，在"有效性规则"中输入">20"。单击"保存"按钮进行保存。

（3）选中"上岗时间"字段，在"默认值"栏中输入"#1998-8-14#"。单击"保存"按钮进行保存。

（4）在"简历"字段上右击，在弹出的快捷菜单中选择"删除行"命令，在弹出的确认对话框中单击"是"按钮。单击"保存"按钮进行保存，并关闭设计视图。

（5）在"Acc1.mdb"数据库窗口中执行"文件"→"获取外部数据"→"导入"命令，打开"导入"对话框，选择考生文件夹下的"Acc0.mdb"数据库文件，并单击"导入"按钮。在弹出的"导入对象"对话框中的"表"选项卡中选择"ttemp"表，并单击"确定"按钮。

（6）在"Acc1.mdb"数据库窗口中右击"职工"表，在弹出的快捷菜单中选择"复制"命令。在 Exaxml 数据库窗口中空白处右击，在弹出的快捷菜单中选择"粘贴"命令，弹出"粘贴表方式"对话框。在文本框中输入"tempbak"，选中"结构和数据"单选按钮，然后单击"确定"按钮。

三、简单应用题

41.

（1）打开"Acc2.mdb"数据库，在"Acc2.mdb"数据库窗口中单击"查询"对象。单击"新建"按钮，在"新建查询"对话框中选择"设计视图"选项，单击"确定"按钮。在"显示表"对话框中添加"产品"表和"存货表"，单击"关闭"按钮。在"查询1：选择查询"窗口中选择"产品"表中的"产品名称"字段，单击工具栏中的"合计"按钮，在"产品名称"字段所对应的"总计"行选择"分组"。添加"应得利润：Sum([存货表]![数量]*[产品]![价格])*0.15"字段，并在"总计"行选择"表达式"。单击工具栏中的"保存"按钮，在"另存为"对话框中输入查询名称为"应得利润"，单击"确定"按钮，关闭查询设计视图。

（2）打开"Acc2.mdb"数据库，在"Acc2.mdb"数据库窗口中单击"查询"对象。单击"新建"按钮，在"新建查询"对话框中选择"设计视图"选项，单击"确定"按钮。在"显示表"对话框中添加"产品"表和"存货表"，单击"关闭"按钮。选择工具栏中的查询类型为"生成表查询"，在"生成表"对话框中输入生成表的名称"进货表"，单击"确定"按钮。在"查询1：选择查询"窗口中选择"产品"表的"产品.*"字段和"存货表"的"数量"字段，在"数量"字段的"显示"行取消该字段的显示，在"数量"字段的"条件"行输入"0"。单击工具栏中的"保存"按钮，在"另存为"对话框中输入查询名称为"进货表"，单击"确定"按钮，关闭查询设计视图。

四、综合应用题

42.

（1）打开"Acc3.mdb"数据库，在"Acc3.mdb"数据库窗口中单击"窗体"对象，单击"新建"按钮。在"新建窗体"对话框中选择"自动创建窗体：纵栏式"，并选择"课程信息"表为数据源，单击"确定"按钮。单击工具栏中的"保存"按钮，在"另存为"对话框中输入"窗体名称"为"课程"，单击"确定"按钮，关闭窗体窗口。

（2）在"Acc3.mdb"数据库窗口中右击"课程"窗体，选择"设计视图"。单击工具栏中的"视图"按钮，打开工具箱，选中工具箱中的"标签"按钮，在"课程：窗体"窗口中的"窗体页眉"处添加"页眉"标签，输入文本信息"课程信息"。

选中"课程信息"页眉标签，在工具栏中修改格式，字体为"宋体"，字号为"12"，单击"加粗"按钮和"居中"按钮。选中工具箱中的命令按钮，添加到窗体中。弹出"命令按钮向导"对话框，在"类别"选项中选择"记录导航"，在"操作"选项中选择"转至下一项记录"，单击"下一步"按钮，选中"文本"，并输入按钮文本信息"下一记录"，单击"下一步"按钮，单击"完成"按钮。同理添加"前一记录"按钮，在"类别"选项中选择"记录导航"，在"操作"选项中选择"转至前一项记录"，按钮文本信息为"前一记录"。选中工具箱中的命令按钮，添加到窗体中。弹出"命令按钮向导"对话框，在"类别"选项中选择"记录操作"，在"操作"选项中选择"添加新记录"，单击"下一步"按钮，选中"文本"，并输入按钮文本信息为"添加记录"，单击"下一步"按钮，单击"完成"按钮。同理添加"保存记录"按钮，在"类别"选项中选择"记录操作"，在"操作"选项中选择"保存记录"，按钮文本信息为"保存记录"。选中工具箱中的命令按钮，添加窗体中弹出"命令按钮向导"对话框，在"类别"选项中选择"窗体操作"，在"操作"选项中选择"关闭窗体"，单击"下一步"按钮，选中"文本"，并输入按钮文本信息"关闭窗口"，单击"下一步"按钮，单击"完成"按钮。右击窗体视图的空白处，选择"属性"，在"其他"选项卡的"弹出方式"行选择"是"，单击工具栏中的"保存"按钮，关闭窗体设计视图。

附录 C

上机模拟试题

一、基本操作

1. 设置"tCourse"表的主键为"课程编号",按"学分"从小到大排序。

2. 设置"tTeacher"表中"联系电话"字段的数据类型为"文本",输入掩码属性为 8 位数字。

3. 设置"tLecture"表中"学期"字段的有效性规则为"大于等于 1 且小于等于 2",并且在输入数据出现错误时,提示"数据输入有误,请重新输入"的信息。

4. 删除"tLecture"表中"教师编号"为 6 的记录。

5. 对主表"tCourse"与相关表"tLecture",主表"tTeacher"与相关表"tLecture",建立关系,表间均实施参照完整性。

二、简单应用

1. 建立一个名为"Q1"的查询,查找 1970 年以前(不包括 1970 年)参加工作教师的授课情况,要求如下:

(1)数据来源为"tTeacher""tLecture""tCourse"三张表。

(2)显示"姓名""性别""职称""班级编号""课程名"字段。

2. 建立一个名为"Q2"的查询,计算每个系各类职称的人数,具体要求如下:

(1)数据源为"tTeacher"表。

(2)显示格式及内容参照样张图片。

3. 建立一个名为"Q3"的查询,统计每名教师的授课门数,具体要求如下:

(1)数据来源为"tTeacher""tLecture"表。

(2)显示标题为"姓名""授课门数"。

4. 建立一个名为"H"的宏,功能为:

(1)打开名称为"tTeacher"的表。

(2)显示一个提示框,设置标题为"系统提示",消息为"表已经打开",类型为"信息"。

(3)关闭名称为"tTeacher"的表。

5. 利用"窗体向导"建立一个名为"fTeacher"的窗体,显示内容为"tTeacher"表中全部字段,布局为"纵栏表",样式为"沙岩"的窗体,设置窗体标题为"教师基本信息"。

三、综合应用

1. 利用"报表向导"建立一个名为"rLecture"的报表,显示内容为"姓名""职称""系别""课程名""班级编号"字段，按"姓名"分组显示每名教师的授课信息，布局为"递阶"，样式为"组织"。设置报表标题为"教师授课情况表"。显示格式及内容参照样张图片。

2．对已有窗体"fSearch"进行如下设置：

（1）设置窗体标题为"教师基本信息查询"。

（2）设置窗体边框为"细边框"样式，取消窗体中的水平和垂直滚动条、记录选择器和分隔线。

（3）设置窗体中名称为"lTitle"的标签控件上的文字颜色为"蓝色"（颜色值 16711680），字体名称为："华文行楷"，字体大小为"22"。

附录 D

思考与练习部分参考答案

第 1 章

一、判断题

1. ×　2. √　3. √　4. ×　5. ×　6. ×　7. ×　8. ×　9. ×　10. ×
11. ×　12. ×　13. √　14. √

二、选择题

1. B　2. A　3. A　4. B　5. D　6. D　7. C　8. A　9. B　10. C
11. B　12. B　13. D　14. C

第 2 章

一、判断题

1. √　2. √　3. √　4. ×　5. ×　6. √　7. ×　8. ×　9. √　10. ×
11. √　12. ×　13. √　14. √　15. ×　16. ×　17. ×　18. √　19. ×　20. √
21. ×　22. √　23. √　24. ×

二、选择题

1. A　2. B　3. A　4. C　5. D　6. D　7. A　8. C　9. A　10. A
11. B　12. D　13. C　14. D　15. C　16. A　17. C　18. D　19. A　20. B
21. D　22. D　23. D　24. D　25. D　26. B　27. D　28. C　29. A　30. D
31. D　32. B　33. C　34. C

第 3 章

一、判断题

1. √　2. √　3. ×　4. ×　5. ×　6. ×　7. √　8. ×　9. √　10. √
11. √　12. ×　13. ×　14. √　15. ×　16. √　17. √　18. ×　19. ×　20. √
21. √　22. √　23. √

二、选择题

1. C　　2. B　　3. B　　4. B　　5. C　　6. C　　7. A　　8. C　　9. D　　10. A
11. B　　12. C　　13. C　　14. A　　15. D　　16. C　　17. B　　18. C　　19. C　　20. B
21. A　　22. C　　23. C　　24. C　　25. B

第 4 章

一、判断题

1. √　　2. ×　　3. √　　4. ×　　5. ×　　6. √　　7. ×　　8. √　　9. √　　10. ×
11. √　　12. √　　13. √　　14. ×　　15. ×　　16. √　　17. ×　　18. ×　　19. √　　20. ×
21. √　　22. √　　23. ×　　24. √

二、选择题

1. B　　2. B　　3. D　　4. D　　5. B　　6. D　　7. C　　8. A　　9. B　　10. C
11. D　　12. C　　13. D　　14. D　　15. A　　16. D　　17. D　　18. B　　19. B　　20. C
21. A　　22. D　　23. B　　24. D　　25. A　　26. C　　27. A　　28. D　　29. A

第 5 章

一、判断题

1. ×　　2. ×　　3. √　　4. √　　5. ×　　6. √　　7. √　　8. ×　　9. ×　　10. √
11. √　　12. √　　13. ×　　14. √　　15. √　　16. √

二、选择题

1. C　　2. B　　3. A　　4. A　　5. C　　6. C　　7. D　　8. B　　9. B　　10. B
11. C　　12. A　　13. D　　14. A　　15. B　　16. C　　17. C　　18. B　　19. C　　20. C
21. A　　22. B　　23. B　　24. D　　25. A　　26. A　　27. B　　28. D　　29. C　　30. A
31. D　　32. A　　33. D　　34. A

第 6 章

一、判断题

1. √　　2. √　　3. √　　4. √　　5. √

二、选择题

1. D　　2. D　　3. C　　4. B　　5. A　　6. B　　7. D　　8. C　　9. A　　10. D
11. B　　12. A　　13. B　　14. D　　15. C　　16. A　　17. B　　18. A　　19. D　　20. C
21. C　　22. B　　23. A　　24. A　　25. D

第 7 章

一、选择题

1. A　　2. A　　3. A　　4. D　　5. D　　6. A　　7. C　　8. C　　9. B　　10. A

11. D　　12. A　　13. D　　14. C　　15. B　　16. A　　17. A　　18. D　　19. D　　20. A

21. A　　22. B　　23. A　　24. B　　25. A　　26. A　　27. B　　28. A　　29. C　　30. D

31. B

第 8 章

一、选择题

1. D　　2. B　　3. D　　4. A　　5. B　　6. B　　7. A　　8. D　　9. C　　10. A

二、填空题

1. 独占方式　　2. 正常使用　　　　3. 显示、隐式　　4. 用户组、删除　　5. 管理员

6. 20　　　　　7. 用户级安全机制　8. 磁盘空间　　　9. 压缩　　　　　　10. 多个

参 考 文 献

[1] 徐洁磐. 数据仓库与决策支持系统 [M]. 北京:科学出版社,2005.

[2] 范明. 数据挖掘概念与技术[M]. 北京:机械工业出版社,2001.

[3] 牛允鹏. 数据库及其应用[M]. 北京:经济科学出版社, 2005.

[4] 冯伟昌. Access 2010 数据库技术及应用[M]. 2 版.北京:科学出版社, 2015.

[5] 沈楠. Access 2010 数据库应用程序设计[M]. 北京:机械工业出版社, 2017.